戦争の社会学

はじめての軍事・戦争入門

橋爪大三郎

光文社未来ライブラリー
0021

Military Sociology
by Daisaburo Hashizume
Kobunsha Co.,Ltd.,Tokyo 2016:07
Bunko version 2023:06

はじめに

軍について知ろう。

戦争について学ぼう。

軍というものがあって、戦争をする。有史以来、人類は戦争を続けてきた。それがこの世界の現実である。現実から目を背けてはならない。

平和とは、戦争がないことである。平和を求めるなら、戦争について知らなくてはならない。戦争とはどのようなことか、戦争はどのように起こるのかわからないで、平和を実現することができるだろうか。

戦争を通じて、平和を考える。戦争を理解して、平和を実現する能力を高める。戦争も軍も、社会現象である。社会現象であるからには、法則性がある。戦争の法則性を理解して、リアリズムにもとづいて平和を構想する。これが、軍事社会学（military sociology）である。

＊

そんなものがあるのか。聞いたことがないなあ、と思うかもしれない。

――軍事社会学。

無理もない。日本ではほとんど、いや誰もやっていない。

それではいけない、と私は思った。

そこで一〇年ほど前、大学で、講義を始めることにした。ことさら、「軍事」社会学という名前の講義だ。

私の勤め先は、理工系の大学だった。軍隊は、テクノロジーと組織が一体となったものである。組織は、社会的な出来事である。社会学の講義のテーマに、これほどふさわしいものはない。

＊

本書は、この講義「軍事社会学」をもとにまとめたものである。戦争について、まったく初歩から知りたいという読者のために、わかりやすいつくりになっている。だが、敷居は低いが、なかみは本格的。戦争と軍の本質を、しっかり議論し尽くしている。前例のない本になったと思う。

＊

戦後の日本は、軍のことも、戦争のことも、考えないことにした。

憲法に、「軍はありません」と書いてあるからだ。

自衛隊があるじゃないか。いや、あれは、軍ではありません。在日米軍がいるじゃあないか。いや、あれは、いるけどいないんです。目の前に軍事力があっても、見たくないので、ないことになっている。

日本には、軍がない。だから、軍のことは考えない。戦争のことも、考えない。軍がなければ、戦争にならない。世界中から軍隊がなくなれば、平和になるだろう——

これは、思考停止ではないだろうか。

日本は、愚かな戦争を反省して、軍を置かないことにした。戦争を放棄した。それを定めた憲法の第九条を、自慢にしている日本人が多い。おかげで、日本は平和だった。だが待ってほしい。平和だったのは、第九条のおかげか。アメリカ軍が日本を守っていたからではないのか。アメリカの核兵器（核の傘）が日本を守っていたからではないのか。日米安保条約のおかげではないのか。

日米安保条約は、アメリカ軍が軍として機能することを前提にしている。日本に軍がなく、かりに自衛隊が軍として機能しないとしても。これが戦後の、現実ではないか。その現実から、目を背けて、平和のつくられ方を理解できるだろうか。

勘違いしてもらっては困るが、私は、第九条が意味がないとか、日米安保条約が不可欠だとか、言いたいのではない。そうではなくて、第九条と日米安保条約がどういう関係にあるのかきちんと考えられないようでは、説得力のある議論ができませんよ、と言いたいのだ。それには、戦争と軍の常識を踏まえ、軍事社会学を理解しなければならない。

戦前には、軍があった。軍は、国民のためではなく天皇のため、いや、天皇のためと言いながら実は軍自身のために、存在した。人びとは軍について、十分な議論ができなかった。だから、愚かな戦争を、止めることができなかった。戦後は、軍がなくなった。でもやっぱり、戦争と軍について十分な議論ができていない。それなら、戦争や軍の本質がわかっていないという点で、戦前も戦後も変わりがないではないか。

だからこそ、軍事社会学である。

そう、軍事社会学は、戦後日本が思考停止を脱して、おとなの議論ができるようになるための、またとない入門のテキストなのだ。

戦争の社会学　目次

本文中《　　》で引用を示す。《　　》についている(00)、(000)、(0000)といったアラビア数字は引用元のページ数を示す。(111 f)の「f」は、"following page"の略で、111～112ページを示す。(Ⅲ－00)、(Ⅲ－000)、(Ⅲ－0000)といったローマ数字が入る場合は巻数を示す。引用は原文を尊重しつつも、一部語句を改めたところがある。

序章　戦争とはなにか

戦争の定義

戦争とは何だろうか。

軍事社会学は、まずこの疑問を明らかにするところから出発する。戦争がどんなものか、誰でも頭に思い浮かべることができる。けれどもそれでは、学問の出発点としては、不充分なのである。

＊

戦争について、もっとも有名な定義は、クラウゼヴィッツが『戦争論』で下した定義だろう。『戦争論』は、一八三一年に病死したクラウゼヴィッツの遺稿を、翌年に出版したもので、戦争論の古典である。彼はいう、《Der Krieg ist also ein Akt der Gewalt, um den Genger zur Erfüllung unseres Willens zu zwingen.（戦争とは、相手をわれわれの意志に従わせるための、暴力行為である。）》（第一部第一章）

もう少しわかりやすく言い換えると、こうである。《戦争とは、暴力によって、自分の意志を、相手に押しつけることである。》（1）

じっくり噛みしめて、頭に刻みこんでもらいたい。

＊

クラウゼヴィッツの定義は、戦争の本質を鋭く言い表していて、とても優れている。

まず、「自分」と「相手」がいて、それぞれ「意志」をもっている。この「意志」が、両立できない（喰い違っている）点が問題である。紛争である。双方が「意志」を曲げないので、このままでは解決がつかない。

手段は暴力

そこでやむをえず、暴力に訴える。

暴力は、実力行使である。武力を用いることである。相手を傷つけ、殺害することを含む。片方が暴力に訴えれば、もう片方も暴力で対抗する。双方が暴力を行使しあう状況が生まれる。これが、戦争（war, Krieg）である。

暴力の行使（戦闘）はあくまでも、手段にすぎない。戦争の本質は、《意志を相手に押しつけること》にある。その、ドンパチと華やかな現象にまどわされてはいけない。戦争のあとに結ばれる講和は、《意志を相手に押しつける》ための手続きだ。

＊

戦争は、二つの主体（自分と相手）のあいだで戦われる。自分と相手は、対等である。どちらも「意志」をもつことができ、暴力によって屈服させられない限り、「意志」を放棄しない。どちらも、暴力を行使する能力と権利をもっている。互いに、相手を

「敵」とみなして戦う。

暴力を効果的に行使するために、どちらも武器を手にとる。武器が大がかりになった場合には、兵器という。武器や兵器を備えた、暴力を行使するための組織を、軍という。軍には、命令を下す指揮官と、命令に従う将兵がおり、組織的に行動する。

決闘と戦争

さきほどの定義（1）を、もう一度掲げておこう。

《戦争とは、暴力によって、自分の意志を、相手に押しつけることである。》

この定義は、ふつう「戦争」と考えられているものより、少し広いなあ、と感じられるかもしれない。きょうだいゲンカや、個人間の暴力行為も入ってしまうからである。

クラウゼヴィッツは、こう言っている。《戦争とはつまるところ、拡大された決闘以外の何ものでもない。》（第一部第一章）決闘は、個人と個人の戦いである。当時、決闘をするという習慣が、まだ残っていた。決闘は、違法ではなかった。この決闘と、戦争とを、クラウゼヴィッツはあえて連続的にとらえているのである。

＊

ふつう戦争は、国家が起こすものだと思われている。

しかし、しばらく前までは、そうではなかった。

ホッブズやグロチウスといった、プレ近代の時期の思想家の著作をみると、戦争という言葉は、個人と個人のあいだの暴力行為をさすのにも、用いられている。いちばん有名なのは、ホッブズが自然状態*を、「万人の万人に対する戦争」と描いていることだろう。近代国家が確立する以前は、封建領主や都市や山賊など、武装して戦闘能力をもつ人びとや団体が多かった。彼らはみな、戦争をする権利があったのだ。

近代国家は、暴力を独占し、軍や警察を整備した。国家以外の主体は、暴力を行使する権利を失った。人類の歴史のうち、これはごく最近のことだ。戦争の歴史を考えるのに、近代国家の戦争に話を限定すると、狭くなりすぎるのである。

*自然状態　天地を創造するGodのわざを、自然という。人間もGodに創造されたので、自然（の一部）である。めいめいが、生存する権利や安全を確保する権利を自然にもっている。これをほっておくと、生存に必要な資源は限られているので、奪い合いになり、殺し合いになる。これを、自然状態という。人びとのあいだに、ルールや秩序がそなわった、社会状態の反対。

犯罪と戦争

戦争の特徴は、暴力を行使しても、法律に違反したとみなされないことである。

法律に違反したとみなされる場合は、犯罪である。

どんな社会でも、人間は、むやみに暴力をふるってはいけないことになっている。相手に怪我をさせれば、傷害事件だし、相手が死んでしまえば、殺人（あるいは過失致死）になる。つまり、罪になる。罪であるから、罰を受けても当然である。

人間に暴力をふるっても、問題にならず、正当であるとみなされるのは、ふた通りの場合である。第一に、刑の執行。第二に、戦争。どちらも、犯罪ではない。

犯罪は、個人の利害や感情にもとづいて、相手に危害を加える。相手がいなければいいのにと思っていたり、相手を憎んでいたりする。これに対して、刑の執行は、法にもとづくもので、個人の利害や感情は必ずしも関係ない。戦争は、組織的な行動で、個人の利害や感情は必ずしも関係ない。法の執行も戦争も、そう行動するのは正しいと、人びとは信じているのである。

言い換えよう。戦争で、相手の命を奪うとしても、それは殺人ではない。犯罪として責任を追及されることもないし、賠償をする必要もない。なぜならそれは、非難されるべきことではないからだ。

なお、戦争犯罪という概念がある。戦争のやり方にもルール（戦争法規）がある。そのルールに違反した場合が、戦争犯罪である。これは、戦争それ自体が犯罪である、とする考え方とは別のことだ。第一二章（300ページ）を参照。

*

交戦権

戦争はこのように、正当に行使される暴力である。それは、組織的に、団体と団体のあいだで行使される。決闘のように、個人と個人のあいだで行使されるケースは、まれである。

戦争をしてもよいと認められている団体は、交戦権をもっている。

交戦権は、相互の承認にもとづく。ある団体が、交戦権をもっているのはなぜかと言えば、交戦権をもっているほかの団体がそう認めるからである。そのほかの団体が交戦権をもっているのはなぜかと言えば、そのまたほかの団体（もとの団体を含む）がそう認めるからである。

近代では、主権国家だけが交戦権をもち、それ以外の団体（山賊やテロ組織）は交戦権をもたないことになっている。

交戦権をもつ団体が武力を行使したとしても、それが戦争であるかどうかは、やはり相互の承認にもとづく。武力を行使し、さらに、宣戦を布告するならば、それは、これが戦争であることを意味している。

＊

宣戦を布告しなくても、それが戦争であることが明らかなら、それは戦争である。すなわち、宣戦布告は、戦争が戦争であるための必要条件ではない。

事変と戦争

武力紛争であっても、当事者がそれを戦争と認めない場合、戦争であるかどうかはあいまいになる。

たとえば、支那事変（あるいは、日支事変。日華事変とも）。中華民国と日本は、武力で争って、戦争のような状態だった。しかし両国は、それを戦争であると認めなかった。戦争であると認めると、第三国がいっぽうの国に戦略物資を提供することは、もういっぽうの国に対する敵対行為になる。攻撃を受けても、文句は言えない。日本は、アメリカなどからの石油や工業製品などの輸入がストップすると困るので、戦争だと認めたくなかった。中華民国は、イギリスなどからの戦略物資の支援が止まると困るので、戦争だと認めたくなかった。双方の思惑が合致した結果、戦争ではなくて「事変」という、苦しまぎれの説明が国際社会に認められていたのだ。こういう背景のある「事変」を、実質的には戦争だからと、後世の歴史家が、日中戦争とか十五年戦争とか、勝手によび変えてもらっては困るのである。

支那事変は一九三七年から一九四一年まで。一二月に日本が真珠湾を攻撃し、対米英戦争が始まったので、中華民国も連合軍の一員として、日本に宣戦した。それからは事変でなく、大東亜戦争の一部となった。

支那事変に先立つ満洲事変（一九三一年）も、戦争ではなく「事変」だというのが、日本の公式見解である。国内法でも、戦争としての手続きはとられていない。

＊

実態としては戦争であっても、当事国や関係諸国が戦争とは認めないケースが、国際社会には多くある。戦争と戦争でないものとの線引きは、そう簡単ではない。

内戦と戦争

もうひとつ、戦争とまぎらわしいのは、内戦、あるいは、内乱（civil war）だ。

内乱は、政府軍と反政府勢力のように、戦争する資格があるのかどうかはっきりしない当事者のあいだの武力紛争である。

南北戦争は、英語では the Civil War だから、内乱である。北軍からみれば反乱だが、南軍からみれば独立戦争のつもりだった。もしも南軍が勝っていたら、独立戦争とよばれただろう。日本人はこれをなぜか、南北「戦争」とよんでいる。名前につられて、ふつうの戦争だと考えてはいけない。

幕末維新の戊辰戦争も、内戦である。西軍（薩長）と東軍（幕府）が戦った。西軍が勝ったので、官軍と賊軍（朝敵）ということになった。

*

内乱は、戦争ではない。

戦争には、戦争のルールが適用される。たとえば、負けた側を捕虜とし、奴隷とすることができる。これは古代に確立した、戦争の慣習法だ。敵の命を助け、生存を保障し、勝者の利益にもなるやり方である。

内乱の場合は、負けた側を捕虜とすることができない。生かしておいても仕方がない。そこで、みな殺しにしてしまうということも起こった。内乱は、戦争よりも、苛酷な場合がある。

奴隷と戦争

奴隷の話が出たので、ついでに説明しておこう。

キリスト教が広まると、キリスト教徒同士が戦争した場合、勝っても相手を奴隷にしない、という慣行がうまれた。イスラム教も、イスラム教徒同士の戦争の場合、同じく相手を奴隷にしないという慣行に従った。このため、奴隷が存在しなくなって、古代とは異なる中世が生まれた。

しかし、奴隷制度を廃止したわけではなかった。異教徒との戦争で奴隷となった者を、買い取って連れてきた場合は、奴隷が存在してもよかった。

アメリカでは、比較的最近まで、奴隷制度が残っていた。キリスト教徒の国アメリカでなぜ、奴隷制度が存在できたのか。南部の農園には、奴隷労働の需要がある。奴隷を輸入すれば、高く売りさばける。そこで奴隷商人は、アフリカでどこかの部族をけしかけ、報酬を渡して、隣りの部族と戦争をさせる。戦争の結果、捕虜となった者は、奴隷となる。それを船に積んで、アメリカに連れてくる。アメリカは、私有財産を保護するので、奴隷に対する所有権も保護される。アメリカで誰かを奴隷にすることはできないが、よそから連れてくるぶんには問題ないのだ。

これが、アメリカで奴隷制度が発展した理由である。

本書の構成

本書は、東京工業大学で学部向けに講義した、「軍事社会学」をもとにしている。おおむね講義の順序に従い、つぎのように話を進める。

まず最初に、戦争の世界史。戦争の起こりや、軍の組織、武器、戦術の発達など、古代の戦争について考える。(第二章)

つぎに、中世の戦争。ヨーロッパでは騎士階級、日本では武士階級がうまれた。これは中国の、あくまでも正規軍が中心のやり方と、対照的である。(第三章)

それから、火薬革命。火薬の発明と実用化は、戦争のあり方を大きく変えた。銃と大砲が、戦争と社会をどのように変化させたか、概観する。(第四章)

そのあとは、グロチウスと戦時国際法。グロチウスは、国際法の父とよばれ、戦争についてもすぐれた考察を残した。(第五章)

さらに、クラウゼヴィッツの戦争論。ナポレオンがどのように、それまでの戦争の常識を覆したか、明らかにする。近代的な戦争の、標準理論である。(第六章)

そして、マハンの海軍の議論。アメリカの軍人で歴史学者でもあるマハンは、古今

の海戦を分析し、海軍についてのまとまった考察を残した。（第七章）
つぎは、モルトケ。ドイツの参謀として、普墺（ふおう）戦争、普仏戦争を勝利に導いた天才的な軍人の、戦略をふり返る。（第八章）
そのつぎは、第一次世界大戦。未曾有の惨禍をもたらした世界戦争を、軍事社会学の観点から考察する。関連して、リデル・ハートと孫子。リデル・ハートは、第一次世界大戦の教訓から、間接戦略を編み出した。その思想は、孫子に通じるところがある。（第九章）
続いて、第二次世界大戦。戦争はさらに大規模となり、航空機や戦車が主役となり、核兵器が登場して終わった。そのインパクトを検証する。（第一〇章）
またさらに、日本の軍隊。日本人の戦争は、どこが世界と共通で、どこが日本独特なのか。日本軍の失敗の本質をふり返って、教訓をつかみだす。（第一一章）
最後に、テロの脅威と、戦争の未来。二一世紀に入って、これまでの軍事常識は、すでに通用しなくなっている。対テロ戦争とはいかなるものか、戦争はこれからどうなるか、分析と予測を試みる。（第一二章）

＊

以上、予備知識は特になくても、読み進めることができる。これまで、軍や戦争について興味をもったことがなかった、決して軍事オタクではない読者の人びとに、興味ぶかく読んでいただけるようにと願っている。

第二章　古代の戦争

ひとはなぜ戦うか

人びとは、人類の歴史の大部分の期間、狩猟採取の生活を営んできた。定住することなく、自然生態系の恩恵に頼りながら、移動して生きていた。こちらの山で果実がみのったり、あちらの川で魚がとれたりする時期が、ずれているからだ。

狩猟採取の生活だと、人口密度は稀薄になる。また、群れのサイズも小さい（一〇人か二〇人ぐらいであろう）。

そうした群れ同士が、たまにははち合わせすることもあったろうが、殺し合い（戦争）になったとは考えにくい。

第一に、そんなリスクを冒さなくても、両方の群れが生きていけるスペースは十分にあった。まわれ右をして、それぞれ別な方向を目指しただろう。第二に、相手の集団から、なにか大事なものを平和的に、わけてもらうチャンスでもあった。石器をつくるための黒曜石。岩塩のかたまり。そしてなにより、相手の集団にいる女性。女性のやりとり（婚姻交換）は、平和でなければ実行できない。ゆえに、むやみに争い、殺し合ったとは考えにくい。

ひとつの可能性は、タンパク源として、人間を殺して食べたこと。しかし、化石人類の骨をいろいろ調べてみても、武器で殺害されたとか、殺して食べられたとかいった証拠はまれである。人口密度が稀薄なのだから、人間はいつでも捕まるわけではない。かりに食人を習慣にすれば、たちまち食べ尽くしてしまって、行き詰まる。人間は、死骸に対して畏れの念がある。もしも食人があったとしても、宗教的もしくは儀礼的なものだろう。

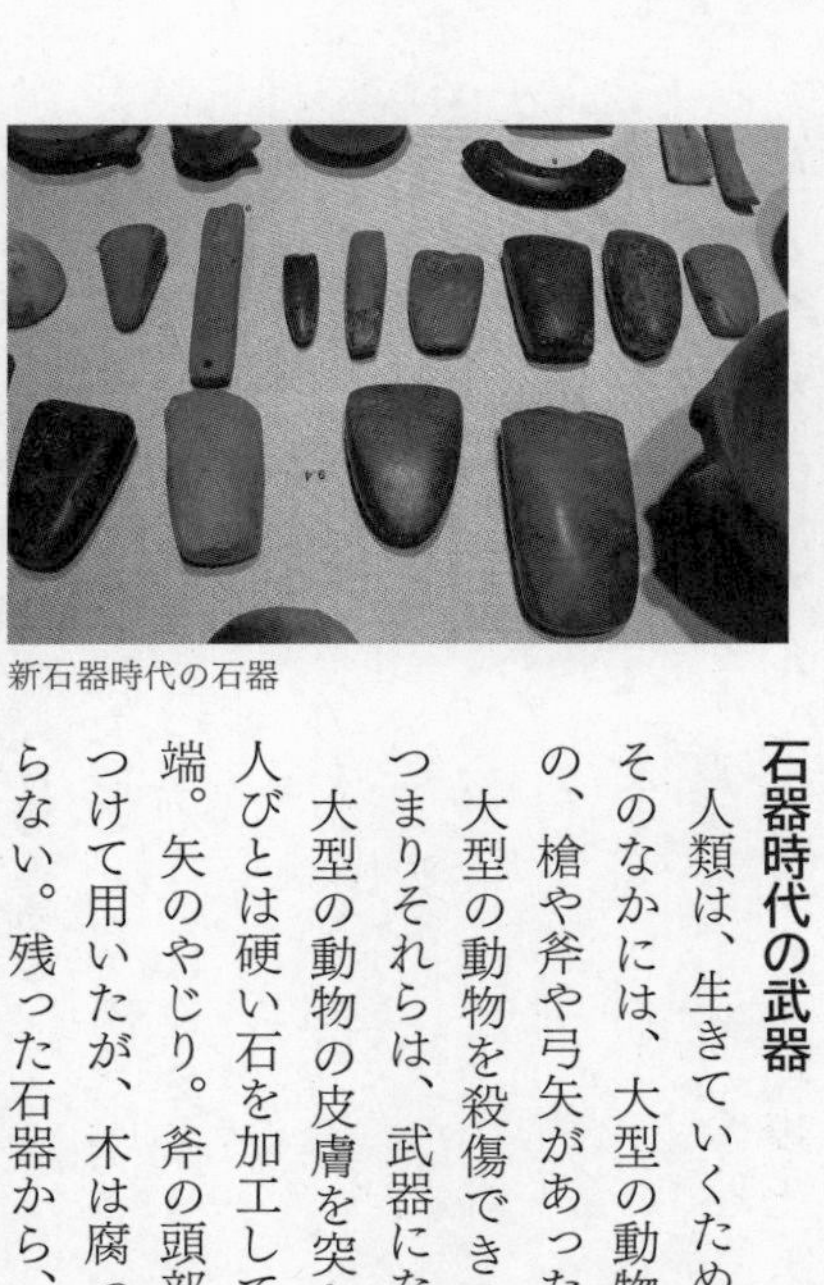
新石器時代の石器

石器時代の武器

人類は、生きていくため、多くの道具をつくってきた。そのなかには、大型の動物（哺乳類や鳥類）を倒すための、槍や斧や弓矢があったはずだ。

大型の動物を殺傷できるならば、人間を殺傷できる。つまりそれらは、武器になる。

大型の動物の皮膚を突き破り、致命傷を与えるため、人びとは硬い石を加工して、道具に取り付けた。槍の先端。矢のやじり。斧の頭部。加工した石は、木にくくりつけて用いたが、木は腐ってしまって、遺物としては残らない。残った石器から、当時の人びとがどんな武器をもっていたか、想像できるだけである。

石器時代に存在しなかったのは、刀である。刀は、折れない刀身を必要とする。石は硬いがもろいので、刀をつくることはできなかった。小型のナイフをつくるのがせいぜいだった。

金属器の時代になると、刀がようやく実用化する。そして、戦闘する際の標準装備となった。

農業革命

農業が始まると、事態は一変する。

人びとは一箇所に定住し、農業を営むようになる。生産性があがって、人口密度が高くなる。社会階層が分化して(農業以外の仕事をするひとが増えて)、人類社会は「文明」の段階に到達する。そして、戦争が始まる。

*

人びとはまず定住して、それから農業を始めたのか。それとも、農業をするために、定住したのか。

定住のほうが先で、それから農業が始まった、と考えられる。

そもそも農業には、栽培植物（コムギ、コメ、トウモロコシなど）が必要である。栽培植物は、天然に存在するわけではない。よさそうな野生種をみつけて、人びとが継続的に働きかけ、いく世代もの長い時間をかけて、栽培植物をつくりだす必要がある。栽培植物は、一粒の種から収穫できる種の個数が多い、実っても散乱せず、穂についたままである、種の粒が大きくておいしいなど、人間にとって都合のよい性質がそなわっている。選択的淘汰の産物だ。

だから人びとはあるとき、農業のためではなく、ただ定住するために、定住した。縄文人もそうしたケースだ。縄文人は農業を営んでいなかったが、自然環境に恵まれて、定住しても生きていくことができた。狩猟採取の人びとは、土器を造らない。重くて移動の邪魔になる。縄文人は、移動しなくていいので、土器を造った。世界的にめずらしいケースだ。クリも住居の周囲に植えている。

＊

いまのコムギが栽培されるようになったのは、メソポタミアの高地で、紀元前六千年ごろのこと。農耕文明はここから始まった。

いったん栽培植物ができあがると、あとは農地を開墾して、栽培すればよい。農地のある限り、いくらでも生産を拡大し、人口を増やすことができる。

民族紛争

穀物（コムギやコメ）は保存ができるので、一年を通じて安定した食糧がえられる。飢える心配がない。農業は人びとに、福音をもたらすはずだった。

けれども農業は、新たな問題を生み出した。

第一に、社会階層の分化。農業は生産性が高いので、農業に従事しなくてよい人びとがうまれる。彼らは、職人になり、商人になり、書記や宗教者になり、国王になり、そして軍人になった。一部の人びとが富を独占し、貧富の格差と階級の対立がうまれた。乏しい資源をすべての人びとが平等に分かち合う社会は、過去のものになった。

第二に、農業ができる豊かな地域に、周辺からさまざまな人びとが入り込んできた。そして、農地をめぐって対立した。言葉も風俗習慣も異なる人びとの対立、すなわち民族紛争である。

第三に、農業をする人びとの周囲に、遊牧に従事する人びとが現れた。彼らは、ウシやヒツジやヤギや、後にはウマやラクダを飼い、肉や毛皮を穀物と交換する。そして、農地と放牧地の境界をめぐって、農民と争いになった。農民と遊牧民はしばしば、利害が反していたからである。

農業は、人びとの深刻な利害の対立を生み出した。農業をやるなら、農地を占有しなければならない。よその集団と、農地の取り合いになる。生きるか死ぬかの戦いになる。農地の争奪には、民族の存亡がかかっている。

＊

都市国家

農業が始まった当時は、まだ牧歌的だった。土地はまあふんだんにあり、人びとは近隣の集団と共存することができた。けれどもやがて、異なる集団、異なる民族とのあいだの紛争が深刻になった。そこで、人びとは住居の周囲を城壁で囲み、戦争の準備をした。これを、都市国家という。農業が文明を生み出した世界どこでも、メソポタミアでもエジプトでも、ギリシャでもローマでも、インドでも中国でも、新大陸でも、城壁をめぐらせた都市国家が現れた。

＊

都市国家は、戦争マシンである。

コムギを栽培すると生産性が高く、農民の二倍ほどの人口を養えるという。農民と同数の、非農民がいる計算になる。職人は武器をつくり、商人はその材料を調達し、軍人は武器で武装し、国王は軍人を指揮して、戦争に備える。近隣の都市国家も、同じく戦争に備えている。実際に戦争に勝てば、近隣の都市国家を征服して、領域を拡大することができる。いったんどこかの都市国家が、戦争マシンと化せば、ほかの都市国家も真似しない限り、生き残ることはできない。

こうして、古代は、戦争の時代となった。

石器から青銅器へ

人類の歴史は、道具をどういう材料でこしらえたかにより、石器時代→青銅器時代→鉄器時代、に区分される。

道具とは、はっきり言えば、武器である。

武器の材料が石であるか、青銅であるか、鉄であるかにより、異なった特徴をもつ異なった社会がうまれた。

自然にあるいちばん硬い素材は、石である。最初は武器を、石器で造った。石器では、鋭利な刃物を自在に造ることはむずかしいので、武器は素朴なものである。けれども多くの人びとに行き渡るので、集団で武装して争った。

＊

やがて、金属を精錬する技術がうまれる。青銅が発明され、劇的に普及した。青銅（ブロンズ）は、銅と錫の合金である。融点が低いので、比較的加工が容易である。しかし高価なので、すべての人びとに行き渡るわけにはいかなかった。青銅製の武器は、性能にすぐれ、それまでの武器ではまったく歯が立たなかった。錆びると緑青が出て緑色になるが、出来たばかりのときは金色に輝いて、見事である。

人びとは青銅そのものに、呪術的な威力を認めた。中国では、青銅製の祭具（鼎の類）がたくさん製作された。

メソポタミアの青銅器

青銅製の武具

青銅の可塑性や頑丈さを利用して、青銅の兜や胸当てが造られた。青銅の剣も造られた。槍や斧や、鏃も造られた。盾も造られた。これらひと揃いの武具で武装できるのは、都市国家の支配的な階層の人びとに限られる。彼らは、軍事力を独占し、それを背景に、貴族階級として君臨した。

青銅の材料の銅と錫は、別々の場所で採れる。そこで、銅や錫の産地でなく、その流通ルートを押さえる集団が、青銅へアクセスすることができ、軍事力を手に入れることになった。

*

戦車の登場

青銅器時代に登場した、画期的な兵器は、戦車である。

戦車は、戦闘用の二輪車で、馬が牽引した。二人ないし三人が戦車に乗って、戦場を高速で駆け回り、弓や槍で相手を攻撃した。古代の戦争の主役となった、最先端の兵器である。

*

戦車が実用化するには、馬を飼い馴らす必要があった。

馬が飼われるようになったのは、紀元前三五〇〇年ごろのことだという。けれども、馬は気性が荒くて、なかなか人間が騎乗することができなかった。(人間が馬に乗れるようになったのは、紀元前一〇〇〇年ごろのこと。中央アジアの遊牧民から近隣各地へと急速に広まっていった技術である。)

馬に騎乗できないので、馬の後ろに二輪車をつなぎ、馬にひかせることにした。

この二輪車の製作が、技術的に困難だった。ひとつは軽量で頑丈な、車輪の製作。接地する環状の部分とスポークからなる車輪を製作するのに、高度な技術が必要だった。もうひとつは、回転する車軸と戦車とを結ぶ軸受けの部分の製作。頑丈な素材を精密に加工する技術が必要だった。

こうして完成した戦車には馬をつなぎ、馭者(ぎょしゃ)と盾持ちと戦士の三名(もしくは二名)が乗った。戦車を囲む衝立(ついたて)の陰に隠れ、弓で矢を射たり槍や刀で戦ったりした。

戦車は、集団で行動する場合に、威力を発揮した。スピードが出るうえに運動性もよいので、戦車隊には、歩兵が束になっても対抗できない。戦車の弱点は、凹凸の激しい地形やぬかるみでは動けないことだが、平坦な場所では無類の強さを発揮した。

戦車はこのように、青銅器時代の標準装備となって、当時の戦争を象徴する戦法となった。

貴族の支配

都市国家の周辺には農地が拡がり、その外側には、遊牧民が分散している。遊牧民の社会は、部族制である。部族制は、血縁を基盤にしている。地縁や土地所有は、意味をもたない。

はじめは部族制だった人びとが、定着して農業を始め、都市国家を形成した場合でも、しばらくは部族制の要素を残している。定住して貧富の格差が生まれ、社会階層の分化が進み、土地所有にもとづいて社会が再編されると、有力者の一族による支配（貴族制）がうまれる。

＊

きらびやかな青銅製の武具で身を包み、戦車を駆って戦場に臨むのは、ひと握りの貴族だった。彼らは、軍事力の中核であり、都市国家を支配した。青銅器時代は、貴族の支配する時代だった。

貴族は、広い農地を所有して、農民を支配し、軍事力を独占する。農地を、血縁を通じて相続する。一般の農民は、政治的発言力を持たなかった。

世界中で、同様の状態がうまれた。中国では、殷（いん）や周がこうした段階にあたる。

都市国家を攻略する

都市国家は城壁で囲まれているが、敵に攻囲されると安全ではなかった。

都市国家は必ず、水源をもっている。と言うか、水源のある場所に、都市を築く。

食糧も備蓄してある。だから敵の大軍に攻囲された場合、門を開いて討って出なくても、しばらくの間は持ちこたえられる。

だが、攻囲は、何年間も続く場合がある。

交通が遮断されているので、時間が経つと、次第に食糧が不足してきて、最後は飢餓に陥る。病気も蔓延する。開城して降伏するほかはない。

＊

攻撃側がそこまで待たないで、力攻する場合もある。

破城槌や攻城塔（移動式の櫓（やぐら））を城壁に近づけ、城壁を破壊する。城壁の高さまで盛り土をし、踏み板を渡して侵入する。梯子をかけて城壁をよじ登る。城壁を破られた都市国家は、住民が皆殺しとなるか、捕虜となり奴隷とされて連れ去られた。

孤立した都市国家は、脆弱（ぜいじゃく）である。

都市国家の同盟

では、どうするか。

都市国家同士で、攻守同盟を結べばよい。

どちらかの都市国家が、攻囲されたとする。すると、もういっぽうの都市国家が、軍勢を出して、取り囲んでいる敵の背後から襲いかかる。あわてた敵が包囲を解けば、物資を補給できる。攻囲は、失敗である。

同盟した都市国家が、果たして駆けつけてくれるかという問題がある。駆けつけなかった都市国家は、身勝手で頼りにならないと評判が立ち、誰も同盟を結んでくれなくなる。結局、滅んでしまう。それは困るので、攻守同盟を結べば、たぶん約束は守られる。

＊

攻守同盟は、都市国家にとって、もっとも基本的な戦略である。

これが発展すると、帝国になる。

帝国は、どこか中心となる有力な都市国家を核に、そのほかの都市国家が同盟して従っている、都市国家の集団だ。中心となる都市国家の王がリーダーとなって、それ以外の都市国家の王たちを従えている。中心となる都市国家の王を、「王のなかの王」（キング・オブ・ギングズ）という。王を越えた特別の存在だが、皇帝にあたる言葉がないので、こうよぶのだ。

王のなかの王は、強大な軍事力を背景に、征服したい都市国家に使者を送る。服従して同盟に加わりなさい。毎年、指定の貢ぎ物を税として支払い、戦争になれば指定の人数の軍勢を供出しなさい。服従すればよし、さもなければ、軍勢を送って滅ぼしてやる。こうして同盟する都市国家を増やすか、あるいは滅ぼすかして、勢力をさらに拡大していくのだ。

＊

服従したくなければ、別の帝国に援助を求めるかもしれない。こうして多くの都市国家は、同盟によって結ばれたいくつものグループに分かれて、興亡を繰り返す。

鉄器時代

青銅に遅れること、およそ二〇〇〇年ほどして、製鉄の技術が生まれた。

鉄は融点が高く、精錬もむずかしく、製品に加工するのが容易ではなかった。だから、実用化に時間がかかったのである。

製鉄は、戦略的価値の高い技術だったため、秘密にされた。鉄器をもった民族集団は、青銅器しか持たない民族集団に比べて、軍事的に優位に立つことができた。誰もが鉄の技術を欲しがり、まもなく普及して、古代を新しいステージに押し上げた。

＊

鉄の特徴は、大量に供給できて、安価なことである。鍛造（たんぞう）して、硬い鋼（はがね）をつくることもできる。錆びやすいのが欠点だが、新品と置き換えればよい。鉄製の鋤(すき)や鍬(くわ)や鎌は、鉄は大量に供給できるので、農器具に用いることができた。鉄製の鋤や鍬や鎌は、農業生産性を向上させ、農地の開墾を進め、人口を増加させた。

集団戦法

もうひとつ重大な変化は、農民の歩兵を鉄製の武器で武装させ、戦車や騎兵に対抗できるようにする、集団戦法が発達したことである。

集団戦法の前提は、鉄製の兜、鎧(よろい)、盾、剣、槍が十分に供給されることである。それらを身につけ訓練を積んだ歩兵を、集団に編制する。歩兵は、数百人が戦闘集団となり、大型の盾で周囲を囲い、長い槍を突き出して、戦車や騎馬の攻撃を受けないようにする。あわせて、弓や弩(いしゆみ)で矢を射かける。こうした重装歩兵の密集戦法は、平地を支配する戦術の基本単位として、戦争の主役に躍り出た。

*

大勢の農民が戦争の主役となることによって、彼らの地位は向上した。青銅器時代に勢力を誇った貴族階級は、次第に没落した。鉄器時代は、戦闘員の数を増やし、政治的発言権を拡大する、民主的な効果をもったのである。

ギリシャでも平民階級が、発言権を獲得した。

中国でも同様である。孔子の父は、平民出身の軍人で、小隊長のようなことをやっていたが、戦場で命を落としている。時代の変わり目に、社会的上昇をめざした、新しい階層の人間だった。その子である孔子が、出身に関係なく誰でも教育を受ければ、政府の職員に登用されるべきだという思想をもったのは、やはり同じ社会変化を背景としている。

騎兵の登場

馬に騎乗することは、長いあいだできなかったとのべたが、紀元前一〇〇〇年ごろまでに、馬に乗る技術が完成した。

馬に鞍を置き、鐙(あぶみ)をつけて、足を踏ん張れるようにすれば、騎乗しながら弓矢を用いたり、剣や槍を操ったりすることができるようになる。騎兵の誕生である。この技術は、馬とともに、たちまち世界に広まっていった。

＊

同じ馬を使った戦闘技術でも、戦車と騎兵とは、異なっている。

戦車は、重装備であって、平坦な場所しか走行できない。遠距離の移動にも向いていない。それに対して騎兵は、軽装備で、山道やでこぼこ道でも、通過できる。飼料と水さえあれば、遠距離の移動もできる。歩兵を上回る、大きな戦闘能力をもっている。

馬を大量に飼育し、あるいは輸入することが、戦争のためには必要となった。

騎馬民族

馬はステップ草原で、大量に飼育しやすい。ステップ草原には、遊牧民がいる。遊牧民は、農耕民の必要とする馬を供給する、兵站(へいたん)の役割をになうことになった。馬を飼育する遊牧民は、乗馬に長けている。

遊牧民の社会は、部族制である。部族は、血縁の縦割り組織だから、複数の系統のグループがいがみ合って、ふだんはなかなかまとまらない。けれども、すぐれたリーダーが現れて、ひとつにまとまり、鉄製の武器で武装すると、強力な騎馬軍団を編制することができる。騎馬民族の登場である。

中国では、紀元前四世紀ごろから、騎馬民族が農業地帯を脅かすようになった。農民たちは彼らを恐れて、「匈奴(きょうど)」とよんだ。

＊

中国はまっ平らで、これといった障害物がなく、攻め込まれると守りにくい。都市を城壁で囲っても、小さな村や町まで守ることはできない。騎馬はスピードが速いから、歩兵では追いつかない。騎馬民族の侵入に、手を焼くことになった。

中国の農民たちが、騎馬民族の侵入をくい止めるため、考えたのはつぎのことである。第一に、強力な政府をつくる。政府は、農民から税金を集め、軍隊を組織し、武器を開発して、騎馬民族に負けないようにする。

秦代の弩

武器のなかで重要なのが、弩（いしゆみ）だ。これは、板を束ねて合板とし、弾力をもたせて弓に成形し、両手で弦をつかんで背筋でひっぱり留め金で固定し、矢を置いて、狙いをつけて発射するもの。引き金で発射できるので、ピストルのような効果がある。発射速度が速いので、遠くから駆けてくる騎兵に対抗することができた。

これでは、十分でない。第二に、ステップ草原と農耕地帯の境界に、巨大な城壁を建設し、農民兵を常駐させて、騎馬民族の侵入を防ぐこと。幅五メートル、高さ五メートル、延長数千キロメートル、みたいな巨大な建造物をこしらえるには、膨大な投資を必要とする。それだけ騎馬民族の被害が大きかったこと、それだけ農民の意思が固かったということだ。万里の長城は、安全保障に最大の優先順位を与えるべきだとする、中国農民の総意（コンセンサス）である。中国文明で政治が優位であるのは、地政学的な理由にもとづく、中国の人びとの経験則である。

弩はなぜ日本にない

弩は、火薬革命によって銃器が実用化するまで、標準装備として、世界中に広く普及した。もちろん中国でも、正規軍は必ずこれを持っていた。しかしなぜか、日本には普及しなかった。

弩の本質は、歩兵が騎兵に対抗する点にあるだろう。

西欧中世では、騎馬武者が戦闘の主力となった。騎乗する騎士は、甲冑（かっちゅう）に身を固めて、一人では馬に乗れないほどの重装備である。馬にも金属で装甲が施されている。ということは、戦場では弩が射かける矢が飛び交い、騎士や馬が負傷する可能性があった、ということである。

遠路を遠征する騎馬民族は、重装備するわけには行かなかったから、歩兵の弩には別な対策を講じる必要があったろう。

日本の中世では、戦闘の主力は、騎乗する武士たちだった。しかし彼らは軽装備で、馬も無防備である。弩が存在すると、武士が優位でなくなる。弩を使ってはいけない、矢を射かけるときも馬を狙ってはいけない、という日本独自のローカルルールで戦っていたのではないか。サッカーで手を使ってはいけない、ラグビーで前にボールを投げてはいけない、というルールがあるようなものだ。武士たちが存分に戦闘能力を発揮したいという、武士の都合である。

そうだとすると、日本の戦闘は、いくぶん儀式的な要素を含む、スポーツのようなものだった。それでやっていられたのは、異なる武器、異なる戦法、異なるルールで戦う異民族が、侵入してこなかったからである。

*

古代の海戦

ここで陸上から、海上の戦いに目を転じてみよう。

地中海では、ギリシャのポリスや植民市、エジプト、フェニキア、ローマ、カルタゴなどが覇権を争い、海上で戦った。そのため、軍艦がつくられた。

軍艦は、船団をつくる。そして、相手の船団を破壊することを目的にする。

軍艦のベースは、商業目的で航行する民間の商船である。

船体は木造で、大型で、紡錘形で、帆柱をもち、甲板や船倉に荷物や人間を載せて航行する。

これを軍艦仕様にするには、船体をやや細身にし、運動性を高めるため、舷側に一段または数段のオールを取り付ける。漕ぎ手がオールをこいで航行する、ガレー船である。船首の水面下に衝角という突起をつけて、相手の船に穴をあけ浸水させたり、火をかけたり、接舷して相手の船に乗り込み斬り合ったりした。ガレー船の漕ぎ手は、古代ギリシャでは無産の自由民で、戦闘時には武器をとって戦った。

地中海は、風が弱く、帆走しにくい。ガレー船の軍艦は、運動性能を生かして集団戦法を用い、制海権をめぐって争った。

衝角を備えたアッシリアのガレー船

旧約聖書の世界

さて、古代の戦争と社会組織の関係を、詳しく記述してあるのが旧約聖書である。旧約聖書から、古代の戦争の実際を読み解いてみよう。

旧約聖書は、もともとユダヤ教の聖典で、『タナハ』といった。ユダヤ民族の歴史や、預言者の言葉を記した書物を集めている。それをキリスト教がそのまま借用して、旧約聖書と称したのである。

＊

旧約聖書の最初の部分は、預言者モーセ*による五つの書物。モーセ五書という。順番に創世記、出エジプト記、レビ記、民数記、申命記、だ。この部分は実は、後述する書物に比べて成立が比較的新しく、歴史的事実に沿っているのか疑問である。

モーセ率いるイスラエルの民が、エジプトを脱出する。ファラオの軍勢が戦車で追いかけてくる。人びとは紅海を背に、絶望の叫びをあげる。当時の最新兵器（いまで言えば、ファントム戦闘機か）の脅威を、想像させる箇所である。その危機を脱出したモーセの一行は、やがて約束の地（カナン）に入る。いまのパレスチナのあたりだ。

＊モーセ　ユダヤ教、キリスト教、イスラム教での重要な預言者。神の啓示を受け、エジプトで奴隷の境遇に甘んじていたユダヤ民族を数々の奇蹟（海を分けて民を通らせたなど）を起こして脱出させる。モーセはシナイ山で、神から石板に刻まれた「十戒」を授かる。ユダヤ民族はシナイ半島を四〇年も彷徨った末にカナンの地に入るも、モーセはその目前に息を引き取る。

そこには、先住民がいる。神ヤハウェは、先住民がいても構わないから攻め取れ、とイスラエルの民に許可したのだ。民族間の土地の争奪が、テーマになっている。

＊

旧約聖書の読みどころは、弱小な民族だったイスラエルの民が、部族制から次第に王制に移行する必然とその過程を、くわしく描いていることだ。

それは、モーセ五書に続く預言の書八冊のうち、前半の四つの書物（ヨシュア記、士師記、サムエル記、列王記）。特にその、後ろの三冊である。

ホロコースト

順番に見ていこう。ヨシュア記は、モーセが任命した後継者、ヨシュアの率いるイスラエルの民が、約束の地に入る経過を描く。

ヨシュアは、戦争の指揮が巧みで、人びとを指導したことになっている。

イスラエルの民はこのとき、一二部族に分かれていて、部族単位で行動した。土地も、部族単位で与えられた。約束の地に入るまでは、土地を持っておらず、部族制の社会だった。

最初に攻略したのは、エリコである。エリコは、大きな都市国家で、先住民が立て籠もっていた。ヨシュアの指揮のもと、イスラエルの民は隊列をつくって、連日、エリコの周囲をぐるぐる回る。七日目に、人びとが鬨の声をあげると、エリコの城壁は音を立てて崩れた。イスラエルの民は、突入して、女も子どもも住民をひとり残らず殺害し、エリコを焼き払って、破壊し尽くした。殺し、破壊し、焼き尽くすのは、神に対する献げもの（ホロコースト＝全焼の供犠、新共同訳では「焼き尽くす献げ物」）という意味である（ヨシュア記6章）。敵の住民を捕虜にして奴隷としたり妻としたり、家畜や財産を奪い取ったりしたのでは、自分のために戦ったことになり、百パーセント神のために戦ったのではなかったことになる。

日本ではこんな戦い方はないが、異民族同士の戦争の場合には、ありうることなのだ。

＊

聖書考古学者の発掘調査によると、エリコの町はイスラエルの人びとが約束の地に入ったとされる時期、すでに廃墟だったという。エリコを全滅させたというヨシュア記の記述は、歴史的事実というより、こうあってほしいという願望をこめた、フィクションだったことになる。とは言え、聖書のこの部分を人びとは文字通りの事実として読み、事実だと信じてきたのである。

異民族との条約

さて、ギブオン*の住民は、エリコが滅んだことを聞いて恐れ、ヨシュアのところに使者を送った。ボロボロの服や古いパンで変装し、さも遠くからやって来たかのように偽って協定を結んで下さいと申し入れた。協定が結ばれたあと、実はギブオン人は、すぐ近くの住民だったことがわかった。人びとは怒ったが、ヨシュアは、協定は協定だからと、ギブオン人に危害を加えることを許さなかった（ヨシュア記9章）。異民族とのあいだの約束であっても、契約は絶対であるという思想があらわれている。

部族同士の争い

部族制の社会では、戦闘は部族単位である。部族の長が戦争に参加するかを決め、戦争の指揮をとる。全体として行動するには、それぞれの部族が同意しなければならない。イスラエルの民は長いあいだ、このような部族制の伝統を残していた。

たとえば、ユダ族のカレブがやって来て、ヨシュアに頼んだ。アナク人からヘブロンの町を攻め取ってもいいだろうか。ヨシュアは許可した。カレブは戦って勝ち、ヘブロン*の町は彼の嗣業の地になった。戦いが部族ごとに行なわれる例である（ヨシュア記14章6～15節）。

こんな話もある。あるときレビ族の男が側女を連れて旅に出、ベニヤミン族の町に宿泊した。ベニヤミン族のならず者どもが、側女を凌辱し、側女は死んでしまった。男は旅から戻って、側女の死体を十二に切り分け、イスラエルの各部族に送り届けた。各部族は憤って武器をとり、ベニヤミン族と戦争になった。ベニヤミン族は敗れて、二万五千人が殺害されたが、部族として存続することは許された（士師記19～21章）。部族の利害が反する場合には、いつでも戦争になるのである。

士師たち

ヨシュアはモーセと同様に、伝説的な指導者で、その存在もフィクションだと考えられる。従って、ヨシュア記までは、歴史的事実が書かれているか、疑問である。その次の士師記からは、イスラエルの民の歴史的な事情をある程度反映している、と考

＊ギブオン　エリコの近くの都市国家。
＊嗣業の地　一二部族のそれぞれに割り当てられた土地。

えられる。

士師記の描くイスラエルの民は、遊牧生活から農業に移行しようやく定着したばかりの部族制の社会で、周辺の異民族と対立していた。部族制は分権的なシステムであって、平時はよいが、戦時に部族を束ねる者がいない。そこで士師たちが登場した。

＊

士師は、必要に応じてイスラエルの民を指揮する、カリスマ的軍事リーダーである。士師とは、裁判官のこと。平時は、部族の人びとの相談にのり、仲裁裁判のような役割を果たしていた。士師記は、オトニエル、エフド、デボラ、ギデオン、エフタらの士師が活躍したと伝える。このうちデボラは女性である。異民族の保有する「鉄の戦車」に苦しめられたとも書いてあるので、イスラエルの民には戦車がなく、武装も簡単な農民軍だったと考えられる。

預言者サムエル

士師と別なタイプの特異な存在として、預言者がこの時期に現れる。預言者ははじめ、集団で生活していて、ときどき「預言する状態」(神がかりのこと)になった。サムエルはそうした預言者のリーダーで、イスラエルの民のあいだで重要な役割を果たす。

イスラエルの民は当時、ペリシテ人と敵対していた。ペリシテ人は、地中海沿岸の低地を勢力範囲にしていて、鉄製の武器を用い、イスラエルの民を圧倒した。ペリシテ人には王がいた。イスラエルの民も、王をもつべきだろうか。サムエルは、最初の王サウルに油を注ぎ、次の王ダビデにも油を注いで、王制をスタートさせた。だが同時に、王制の問題点を熟知しており、警告を発してもいる。「王は、税をとるぞ。王は、息子たちを戦場で死なせることになるぞ。王は、娘たちを王宮でこき使うことになるぞ。」

サウル王の悲劇

戦争に勝つために、われわれにも王が必要だ。そういう声を背景に、預言者サムエルはサウルに油を注いで、王とする。王制が開始される経過がのべてあるところが、旧約聖書の特異な点である。

サウルは、弱小のベニヤミン族の出身。政治的な基盤が弱かった。王が大きな権力を握ることへの警戒心から、あえてベニヤミン族から王が選ばれた、とも言える。サウル王はそのためもあってか、神経質で憂鬱症だった。ふさぎ込んでいるので、王宮に仕えるダビデが歌で慰めた、とサムエル記にある。ダビデは、有力部族のユダ族の出身で、軍略にすぐれて人望もあった。サウル王はダビデを殺そうとしたので、ダビデは逃れて、敵方のペリシテ人の傭兵となり、しばらく身をひそめた。その間、鉄製の武器に習熟し、ペリシテの戦法を身につけたという。サウル王の息子のヨナタンは、ダビデと仲がよかった。

ダビデ王の業績

サウルとヨナタンは、ペリシテの軍勢と戦って、戦死してしまう。代わってダビデが、サムエルから油を注がれて、王となった。

ダビデは少年だったとき、ペリシテ軍の巨人ゴリアテを、投石器（農民の武器）で倒したという逸話がある。後進的な農民軍の誇りをのべる逸話である。おそらく別な誰かの話だったものを、あとでダビデの逸話にこじつけたものであろう。

ダビデは、各部族の族長たちと契約を結んで、王となった。強力な権力基盤を背景に、周辺の異民族の征服を続け、版図を拡大。エブス人の都市だったエルサレムを攻略し、ヤハウェとの契約の箱を、エルサレムに運びこんだ。

ダビデ王は直属の親衛隊にあたる、若者の集団を従えていた。王になろうという野心のある者は、部族に対抗するため、配下に直属の軍人（しばしば外国人の傭兵）を抱えようとした。

ソロモン王の栄華

ソロモン王は、ダビデ王の妻バテシバの子。王国を最大の繁栄に導いた。

エルサレムに、ヤハウェの神殿を建てた。その礎石が、今日の「嘆きの壁」だ。

ソロモン王は政略結婚で、エジプトをはじめ、多くの異邦人の妻を迎えた。そのため偶像崇拝がもたらされた。エジプトから戦車を大量に輸入し、《戦車用の馬の厩舎四万と騎兵一万二千を持っていた。》（列王記上5章6節）戦争に明け暮れ、国家財政は逼迫して行った。

ソロモンの知恵*とは、王の裁判権のことで、部族の族長の権限を蚕食するものだ。

＊

＊ソロモンの知恵　ソロモンは王となって、ヤハウェに、民を正しく裁く知恵が与えられるように願った。ヤハウェはソロモンが、長寿も富も敵の命も求めず、知恵を求めたと喜び、知恵はもちろん、富と栄光も与えると約束した。（列王記上3章）

ソロモンが死ぬと、子のレハブアムが王となった。人びとは、税の負担を軽くしてほしいと願ったが、レハブアムはわざと重くした。人びとはあきれてレハブアムを離れ、別に王を選んで北のイスラエル王国を建てた。レハブアム王は、ユダ族だけを治めた。このように王国の分裂は、部族の対立がもとになっている。

苦難の日々

北のイスラエル王国ではこのあと、暗殺やクーデターなど、政治的混乱が続いた。預言者が何人も現れてヤハウェの警告を告げたが、ついにアッシリアによって滅ぼされてしまう。アッシリアは、征服したイスラエルの人びとを別の土地に移住させ、かわりに異民族を北王国のあった場所（サマリア）に入植させた。この結果、北の諸部族は歴史から消えてしまった。南王国をつくっていたユダ族だけが残ったので、イスラエルの民を、ユダヤ人というようになった。

現在の嘆きの壁

＊

南のユダ王国にも、外国の脅威が迫った。北王国と同様に、滅ぼされてしまうのではないか。そうした切迫した状況のなか、注目される王は、ヨシヤ王である。彼は神殿を修理していて、モーセの律法の書をみつけたと民に告げ、読み聞かせた。イスラエルの民のアイデンティティを確実にしようとして、編集させたのであろう。(列王記下22～23章)

この時期、イスラエルの民の安全をはかるには、アッシリアと結ぶ／エジプトと結ぶ／自主独立を全うする、などの選択肢があった。多くの預言者がそれぞれヤハウェの言葉を伝えた。ヨシヤ王は、アッシリアを目指して軍を進めたエジプトのファラオを迎え撃ち、メギドの地で戦死した。数多くの悪い王たちのなかで、ヤハウェに忠実だった王として讃えられている。(列王記下23章29～30節)

メシア待望

アッシリアが滅び、代わって新バビロニアが興った。ついにエルサレムが陥落し、ユダ王国の人びとはバビロンに捕囚されてしまう。帰還を願いながら六〇年が経過すると、ペルシャの王キュロスが攻め上り、バビロンを陥れ、ユダ王国の人びとを解放した。(歴代誌下36章22～23節)人びとはキュロス王こそ、メシア(救世主)であると考えた。メシアとは、イスラエルの人びとを救うためヤハウェが遣わす、軍勢を率いた王のことである。メシアはギリシャ語では、キリストと訳された。

＊

イスラエルの人びとは捕囚から帰還したのちも、アレクサンドロス大王、セレウコス朝シリア、ローマ帝国などに圧迫され続けた。なぜこうも迫害が続くのか。ヤハウェはわれわれを救ってくれないのか。そう思った人びとは、メシアの到来を待ち望む。これを、メシア待望論という。

のちにナザレのイエスこそ、メシア（キリスト）ではないかと人びとが思ったのは、メシア待望論の伝統があったからだった。人びとは、イエスが王として、軍勢（群衆）を率い、ローマ正規軍を打ち破って、圧迫をはねのけると期待した。イエスが処刑されるとき十字架に、ＩＮＲＩ（ナザレのイエス、ユダヤの王）と罪状が書かれたとされるのは、こうした背景がある。

＊

キリスト教の信仰では、死んだイエスは復活して天に昇った。やがて王として、天の軍勢を率いて再臨し、神の王国を実現する。それを阻止しようとする悪の軍勢と、メギドの丘（ハルマゲドン）で、世界最終戦争を戦い、打ち破ることになっている。（ヨハネ黙示録16章16節、19章19節、20章8節）キリスト教はこうして、「神の命じる正しい戦争」の観念を手に入れた。この観念があればこそ、十字軍は可能になったろう。

古代の戦法

聖書の話はここまでとし、古代の戦争についてまとめておこう。

古代の戦法は、大きく二つの時期に分けられる。前半は、青銅器時代の、戦車による戦法。後半は、鉄器時代の、歩兵による集団戦。重装歩兵による集団戦法は、古代でいちおうの完成をみた。

＊

のちに第六章（クラウゼヴィッツの戦争論）で詳しくのべるが、陸上の戦闘では、兵士の人数が勝敗を左右する。予定される戦闘地点に、多くの兵士を集中させる必要がある。そのため、交通を整備することが、戦略的に重要になる。

このシステムを完成させたのが、アッシリアであった。アッシリアはとりわけ、紀元前九〇〇年ごろから強盛となり、高度な製鉄技術を背景に、メソポタミア一帯に統一帝国を打ち樹(た)てた。軍隊は、十人隊、百人隊、…のように階級づけられ、装備も部隊の編制も標準化されていた。軍隊がすみやかに移動できる街道を整備し、街道沿い

マケドニア式の密集軍

に点在する貯蔵庫に兵糧を備蓄した。専門の徴発官（王の命令で、必要な物資を調達する役人）が大量の馬を集め、騎馬隊と戦車隊の両方を維持した。城砦を攻略するための兵器や戦法に熟達していた。敵対する勢力には残酷な方針で臨み、大勢の人びとの皮をはいで壁を埋め尽くすなどした。人びとに恐怖を与え、反抗する気力をなくすためである。

密集戦法

装甲歩兵密集方陣は、古代ギリシャ人の集団戦法であった。盾と甲冑と槍と刀で武装した重装備の歩兵が、方陣の隊列を組んで突撃する、短期決戦の戦法であった。

マケドニアは、密集方陣をさらに改良し、一六列×一六列＝二五六人からなる密集軍を編制した。長い槍をもち、相手を釘付けにする。そこを脇から騎兵隊が襲いかかって、敵軍を粉砕するという戦法であった。この戦法はきわめて強力であったので、アレクサンドロス大王は軍事的成功をおさめることができた。

ローマの陸軍は、ギリシャの密集戦法を受け継ぎ、整然とした隊形で戦った。訓練の行き届かない蛮族を相手に、負けることはなかった。次第に傭兵の割合が増え、反乱によって西ローマ帝国そのものが滅んでいる。

第三章　中世の戦争

中世とはなにか

古代にいったん頂点に達したと思われる戦争の文化は、中世になると、その規模も内容も、小ぶりで地味なものになっていった。

そもそも、中世とはなんだろうか。

歴史学は、古代と近代のあいだに、中世という時代区分を立てる。マルクス主義の歴史学も、この区分を重視する。けれども、中世という時代区分を考えることができるのは、西ヨーロッパだけではないかと、疑ってみることができる。

西ヨーロッパの古代は、地中海地方を中心とする、奴隷制の社会だった。大規模な農場で、奴隷たちが働いていた。その北側には森林地帯が拡がっていて、ゲルマン系の蛮族が暮らしていた。

中世は、この森林地帯が拓かれていくということである。

古代文明の中心地のすぐそばに、蛮族の住む森林地帯がまとまって隣接している。こんな場所がほかにあるかというと、どこにもない。エジプトにも、メソポタミアにも、インドにも、中国にも、ない。ゆえに、中世が成り立つための条件は、とりあえず西ヨーロッパのものなのである。

中世の条件

古代と異なる中世の条件とは、なんだろうか。

まず、農業の形態が異なる。

古代も中世も、農業社会である。だが、経営の仕方が違っている。西ヨーロッパの農業は、経営規模が小さい。大規模灌漑農業でもないし、大規模農場でもない。大量の奴隷を投入して効率が増大するような、農業のやり方ではない。家族単位の経営だ。農民を支配する領主は、規模が小さい。部族制（血縁）は解体してしまって、土地と結びついている（地縁）。領主は武装しているが、互いに独立しており、それを上回る中央政府が存在するわけではない。

領主の支配する領域が小さく、武力も小さい。そこで安全保障のため、領主は相互に契約を結ぶ。土地を媒介に、上級領主権を設定する契約。すなわち、封建契約だ。こうして網の目のようにはりめぐらされた封建契約によって、社会秩序が維持されている。

＊中世　ヨーロッパの中世は、五世紀ごろからおよそ千年ほどをさす。

つぎに、戦闘員資格が限定されている。

古代では、鉄製の武器によって農民が武装し、戦場で兵士として戦った。それは古代、人びとは都市国家に集まり、戦争マシンを形成していたからである。戦争に勝利するためには、農民の武装が不可欠だった。それに対して、中世では、武装できるのは領主層に限られている。領主／農民、は身分が分離している。農民は支配されていればよく、戦闘員になる資格がない。

＊

キリスト教と中世

さらに、中世が中世であるのは、キリスト教の役割が大きい。

西ヨーロッパ中世は、古代ギリシャ・ローマの後継の文明ということになっているが、共通点はさほどない。その数少ない共通点のひとつが、キリスト教である。

キリスト教には、教会がある。キリスト教会は、普遍的な教会で、イエス・キリストの代理人だから、地上にただひとつである。そして、地上の統治権力ではない。武装もしないし、戦争もしない。

では地上に、どのような統治権力があるべきなのか。どのような統治権力でもよい、とキリスト教会は考える（ローマ人への手紙13章）。西ヨーロッパ中世に無数に存在する領主権力を、どれもすべて正当であると保証することができる。

＊

このことは、戦争を抑止する効果がある。

まず、キリスト教会は唯一であるから、分裂せず、武装せず、戦争の原因にならない。（実際には、西方教会と東方教会は分裂し、十字軍はビザンチンに攻め込んでいる。だがこれは、また別のことだ。）そして、すべての領主権力を正当とすることができるから、複数の領主の併存状態が生まれる。

第二に、キリスト教会は、領主権力に介入できる。結婚を秘蹟[*]とし、承認を与え、正しい結婚から生まれた子どもに相続と継承を認める。また、領主の信仰を認定し、破門することもできる。破門された領主は、統治を継続できなくなる。

第三に、これがもっとも重要なことかもしれないが、キリスト教徒を奴隷とすることを認めない。戦争で捕虜になった者も、自由を失わない。ゆえに、奴隷を手にいれ

＊秘蹟　サクラメント。キリスト教の教会で、信徒に対して行なわれる儀式。カトリック教会では中世に、洗礼、堅信、聖体、悔悛、終油、叙階、結婚、の七つの秘蹟が確立した。

ることを目的に戦争することができなくなった。古代との違いである。

これらのことにより、教会は、領主権力の上に立ち、領主権力に正当性を与える存在となった。

紛争と裁判

自己武装した領主が、騎士や貴族である。

彼らは武器を自弁し、領地を防衛し、領民を支配する。農民に対して公権力のようにふるまうが、王のように広大な地域を支配するわけではない。戦闘員である権利を身分によって独占しているから、戦争マシンに化することもない。

ゆえにヨーロッパの中世では、裁判がある程度、機能する。イギリスでは、王が巡回裁判を行なって、領地の紛争を解決した。領主たちのローカルルールに対して、王が準拠した法をコモンローという。領主にとっても、自分たちで紛争を解決するより、王に訴えることに利益があった。

大陸では教会が、教会法で裁判を行なった。裁判が機能するなら、そのぶん、解決できない紛争も減る。戦争も減ることになる。

都市の自治

領主の支配は、伝統にもとづく。ゆえに西ヨーロッパの中世は、基本的に保守的、現状維持的である。領主／農民は、身分によって固定され、農民の自由は制限される。移動の自由もない。

これに対して、都市は、自由であった。領主権力から自由であることが、都市の存在理由であった。都市の住民は自治によって、都市を治め、交易によって繁栄した。都市は、城壁をめぐらし、自衛し、身分によらない武装集団を育てた。こうして、中世から近世にかけての軍事技術の革新の、主役となっていく。

＊

農村（封建領主）と都市。その両方を包摂する教会。これが、西ヨーロッパの中世の秩序だった。

これはきわめて、限られた条件のもとで成立した秩序で、世界史のモデルにできるかどうかは疑問である。そのことを明らかにするため、中国ではどうだったか、目を転じてみよう。

秦の始皇帝

都市国家が戦争マシンとなった。鉄器の普及にともない、農民兵の密集集団戦法が戦闘の主役となった。広大な版図をもつ統一帝国が出現した。ここまでは、中国も、世界のほかの地域とまったく同じである。

違いはどこか。西ローマ帝国は解体し（四七六年）、代わって、北側に隣接する森林地帯が、農業を発展させていって、つぎの中心地となった。その主体は、かつての蛮族であった。中心地が高緯度の森林地帯に移動したことが、西ヨーロッパの特徴である。

エジプトやメソポタミアや、ペルシャや、インドや、中国では、こうした移動が起こらなかった。そのまま元の場所で、文明を継続した。西ヨーロッパだけが例外だった、と言ってよい。

*

中国の平原は、さほど乾燥していなくて、もともとは森林地帯だった。春秋戦国時代*にもかなりの森林が残っており、都市国家の周辺が開墾されていただけだった。

その後、中国の開発が進み、いまでは森林なんてどこにもない。みんな農地になってしまい、人口も信じられないほど増えている。

そんな中国を、最初に統一したのが、秦の始皇帝。複数の戦争マシンが競合しているよりも、統一政権のほうが資源のムダがない。だから中国では、統一政権が標準的である。秦は長続きしなかったが、その後も同様の統一政権が、繰り返し生まれている。*

遊牧民の脅威

中国の北方には、森林がない。蛮族はいるが、ステップ草原で、馬を飼っている。彼らが騎馬民族となって、鉄製の武器をもち、中国に侵入してくると手に負えない。本質的な脅威である。中国の統一政権は、北方の遊牧民を撃退することが、至上命令である。

このため、農業地帯と遊牧地帯を分離するため、万里の長城を構築したのだった。では中国にとって、ローマからみてフランスやドイツにあたる、森林地帯はどこに

＊春秋戦国時代　実権を失った周王のもと、諸侯が勢力争いを繰り広げたのが春秋時代、その諸侯が王を称して天下の統一を競ったのが戦国時代。

あるのか。朝鮮と日本である。そこには、中国ほど文明の開けていない人びとがいたが、次第に中国の影響をうけ、文明化して行った。

これらの森林地帯は、規模が小さく、中国から離れてもいた。文明の中心が、中国からこの場所に移ることがなかった。そして別々の運命をたどり、朝鮮は中国に同化するいっぽう、日本は中国と別な文化を育てて行った。

正規軍が中心

秦の始皇帝の時代から、清朝にいたるまで、中国の一貫した特徴は、軍事力の中心がかならず、正規軍であることである。

正規軍とはなにか。

政府が税を集め、軍人を雇用し、組織する軍であって、その指揮命令権を政府がもつ。兵器や武器も軍事施設も、政府の財産であって、政府が軍人に供給する。この軍以外に、(山賊や海賊を除けば)軍事力は存在しない。こういうもののことだ。

*

古代ローマの軍隊はいちおう、正規軍であった。けれども、それを指揮する将軍との、個人的な結びつきが強くなり、軍閥のようにもなった。やがて蛮族を将兵に採用するようになり、傭兵隊みたいになった。傭兵は、給与の支払いを受けて軍人となる者のことである。傭兵を集めてくる指揮官が命令すると、軍隊ごと反政府軍になってしまう可能性がある。帝政末期には実際そうなって、古代ローマは滅びた。

中世はあるのか

中国の軍隊は、武官（軍人）よりも、文官（行政職）が優位である。文官は、武力をもたないが、人事権や武器、兵糧の管理を通じて、武官を統制する。（現代中国の、共産党が人民解放軍を指導するという仕組みも、伝統中国のやり方に合致している。）

＊

西ヨーロッパ中世の特徴は、分権的で、多くの領主が分立し、それぞれが自己武装している、という点である。領主の軍事力は、政府の税でまかなわれるのでなく、領主が自弁したものである。古代のあと、このようなシステムがうまれ、近世まで続いた。

これが中世というものだとすれば、中国に、中世は存在しない。中世にあたる時期も、古代（秦の始皇帝の時代）と基本的な構造は同じであり、近世（清朝）になってもそうである。中国だけでなく、インドやイスラム世界にも、中世にあたるものはない。

　　　　　＊

中国は、北方の遊牧民の侵入につねに脅かされていた。安全保障が、課題であり続けた。ゆえに、政府が組織する正規軍が、軍事力の中心であり続けたのである。領主が自己武装した場合、その軍事力を排除するのは至難である。領主が各地で自己武装したのでは、集権的な政府は存在できない。そこで中国は、地主が武力をもつことを、警戒し続けた。地主は、農民を搾取して経済余剰を貯めこむ。政府の税収はそれだけ、少なくなる。地主と行政官僚とは、利害が相剋するのである。

日本には中世がある

中国と正反対なのが、日本だ。日本は律令制のもと、正規軍を創設したが長続きせず、武士が軍事力を握った。武士は、自己武装した領主であるから、西ヨーロッパ中世の封建制とよく似ている。

似ている点。自己武装した領主である。馬に騎乗している。分権的である。所領を家族に相続する。甲冑をつけ、剣、槍、弓をもっている。土地を媒介とした主従契約を交わす。独身主義の宗教組織（教会、寺社勢力）が、領主として混在している。

異なる点。西ヨーロッパの騎士は重武装の騎馬武者である。日本は軽武装である。

西ヨーロッパはキリスト教社会で、領主権を正当化するのは、教会である。教会は、領主の相続に干渉する。日本は仏教社会で、仏教は、所領の相続や統治の正当性に干渉しない。領主権を正当化するのは、天皇の政府である。（ただし武士は、独自の裁判所をもっていて、所領の紛争を自前で解決することもできる。）

＊

西ヨーロッパ世界では、王の統治の正統性を弁証するのは、神（の代理である教会）である。中国では、皇帝の統治の正統性を弁証するのは、血縁（を証明する後宮）である。皇帝の妻は後宮に、物理的に囲い込まれ、出入りする男性は宦官（かんがん）である。人びとがこのことを承知しているから、皇帝は統治の正統性を主張できる。父系の血縁によって、皇帝の地位が継承されていることが明らかだからである。いっぽう日本の天皇は、後宮をもたない。血縁による正統化をしなくても、神々を祀ることで、人びとは正統性に問題がないと考えるのだ。

幕府とはなにか

日本には中世がある。領主が自己武装して、分権的な秩序をこしらえたからである。

しかし日本では、武士の統治は、教会にではなく、天皇の政府に従属するかたちになった。幕府は、武士たちが領主の地位を、集団的に保障するための仕組みである。幕府は、形式的に天皇の政府に従属するが、実質的に軍事力を独占する。

森林地帯の開墾が進み、農業が十分に発展すると、武士の集団は戦争マシンに似たものになった。戦闘によって所領が増え、集団を拡大できるからである。

ちょうどこの時期、日本に鉄砲が伝わった。西ヨーロッパで生じた、火薬革命の成果が波及したのだ。この結果、どのような社会変化が起こったのかは、第四章でのべるとしよう。

＊

日本になぜ、中世があったのか。

それは、中国に隣接した、森林地帯であったからだ。この特殊な条件が、ヨーロッパキリスト教文明圏でない社会であるのに、いちはやく近代化をとげた秘密である。

第四章　火薬革命

火薬とはなにか

火薬は、中国で発明された。いつごろのことか、よくわからない。

火薬は、燃焼するのに空気中の酸素を必要とせず、爆発的に反応する。

一九世紀まで、火薬といえば、黒色火薬のことであった。材料の関係で、火薬が黒色の粉末だからである。燃えると、白い煙が出る。

黒色火薬は、硝石、炭、硫黄を混合して製造する。硝石はなかなか手に入りにくい。

一三世紀半ばには、モンゴル軍が、イラン（アッバース朝）を攻撃するのに、火薬を用いた記録がある。鉄砲もそのころ、中国で製造され、ヨーロッパに伝わったらしい。

＊

火薬は中国で発明されたのだが、それを熱心に研究し実用化しようとしたのは、西ヨーロッパだった。新兵器の開発にしのぎを削り、戦争に明け暮れる、社会的条件が整っていたのである。

火薬を利用するものに、銃（鉄砲）と大砲がある。

銃は、携帯に便利な小型の火器で、人間を殺傷するのに用いる。

大砲は、大型の火器で、城砦や軍艦など大型の設備を破壊するのに用いる。

どちらも軍事技術の革命的変化をもたらし、戦争の姿を一変させた。のみならず、巨大な社会変化を生み出した。

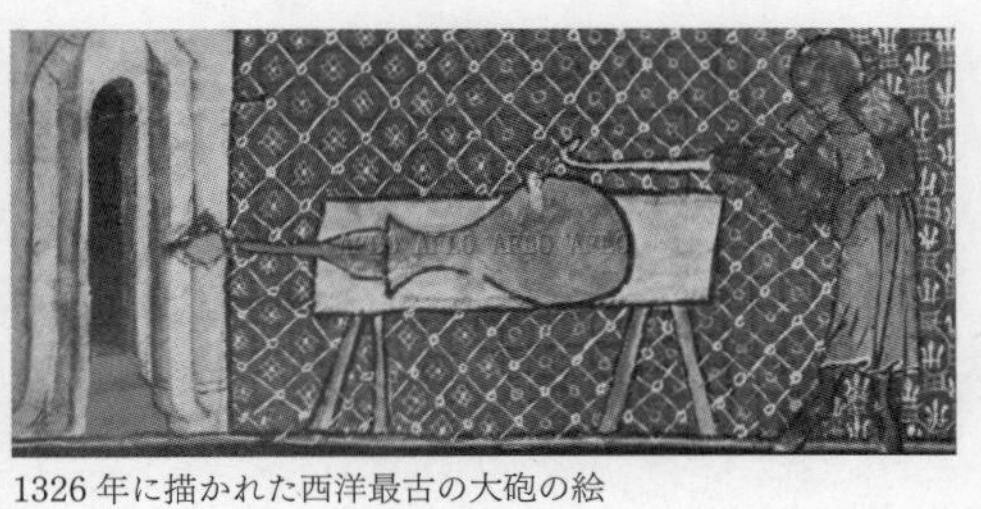
1326年に描かれた西洋最古の大砲の絵

大砲

一三二六年に試作された、大砲の絵が残っている。花瓶のような形の容器に、大きな矢のような物体を詰めて、火薬に火をつけた。実用にはならなかった。

やがて砲身は、円筒形に、発射するのは円形の弾丸（石）になった。

砲身を、金属を溶接して造ってみたが、破裂してしまう。そこで、金属を溶かして、鋳造することにした。鉄は品質が安定しなかったので、青銅を用いた。重くて、持ち運びできなかった。

一五世紀の後半に、可動式の大砲が出現した。火薬を粒子状にして爆発力を高め、そのぶん砲身を小型にした。軽くなって、砲車に載せて運べるようになった。

大砲が実用化すると、これまでの要塞や城郭は、ほとんど無意味になった。あっという間に、撃ち崩されてしまうからである。ナポリの要塞は、七年間持ちこたえたことで有名だったが、大砲に攻撃されると半日ももたなかったという。

*

大砲が青銅で造られた一〇〇年あまりの間、中央ヨーロッパの鉱山が活気づいた。一六世紀の半ばに、実用に耐える鉄の鋳物の大砲が造られると、大砲の製造コストは劇的に安くなった。そして、大砲製造の中心地は、イギリスやスウェーデンに移った。

イタリア式築城術

大砲の威力に、勝負ありかというと、そうでもなかった。城砦の防壁のまえに、泥をかぶせておくと、砲撃の破壊力を吸収して、攻撃を防げるからだ。

また、城郭のかたちを工夫しておく（五稜郭みたいな形にする）と、防壁のどこかが砲撃で壊れても、侵入しようとするところを攻撃できる。破れた防壁の内側に、応急の防壁を新たに築いて、持ちこたえることもできる。イタリアでは、大砲の実用化にあわせて、新たな軍事技術が開発された。ダ・ヴィンチも、そうした開発を手がけている。

城砦を、大砲の攻撃に耐えられるように、建設する新しい技術を、イタリア式築城術とよぶようになった。

軍艦に大砲を積む

大砲を、城砦の近くに運んで、攻城砲として使うことはできたが、戦場に運んで野砲として使うのは、まだ無理だった。大砲は重い。運ぶのが大変だ。戦況は流動的で、大砲がたどり着く前に戦闘がすんでしまうのである。

アメリカ・フロリダ州のジェファーソン砦

けれども、大砲を軍艦に積めば、そのまま船と一緒に動くので、運搬の問題はない。さっそく甲板に大砲を積み込んで、実戦に使ってみると威力を発揮した。けれども甲板にずらりと重い大砲を並べると、重心が高くなって、軍艦の安定が悪くなる。そこで、舷側の下のほうに窓を一列にあけて、そこから大砲を撃つことにした。ふだんは水が入らないように、窓を締めておく。外洋を航海する帆船は、船体をしっかり造ってあったので、大砲を載せても問題なかった。戦艦の誕生である。

*

地中海では、外洋と違って、軽量の船体を大勢の漕ぎ手が漕いで進めるガレー船が、まだ使われていた。漕ぎ手は、いざとなれば相手の船に乗り込んで、白兵戦を戦う。けれども大砲があれば、軽量の船体など一発で吹き飛んでしまう。大砲の実用化とともに、伝統的な軍艦はたちまち時代遅れになった。

制海権は、頑丈なつくりの外洋船に、大砲を積み込んだ軍艦を、多く有する国家のものになった。

マスケット銃

大砲にくらべて小型の火器を、銃という。

銃身の内側が、ただ筒のようになっているものを、マスケット銃。銃身の内側に螺旋が切ってあり、弾丸が回転して飛び出すものを、ライフル銃という。ライフル銃はまっすぐ飛ぶため、命中精度が高い。一九世紀前半に、実用化した。

日本に伝わった火縄銃（種子島）は、マスケット銃の一種である。

丸い鉄の銃弾と、火薬を銃口から詰め、点火して発射するタイプのマスケット銃は、命中精度が悪く、射程も短かった。接近した敵に、一斉射撃すれば、それなりに威力を発揮した。

パイク兵

マスケット銃の弱点は、射撃してから、つぎの射撃の準備が整うまでに、時間がかかることだった。射撃したあと、銃を腰の高さに下ろし、火縄を指のあいだに挟んだまま、火皿に発火薬を詰め、銃身を掃除し、…といった一連の手順を、すばやく行なわなければならない。それも立ったまま。そうしているところを、騎兵に襲撃されれば、ひとたまりもない。

16世紀初期の彫版印刷のパイク兵

そこで、パイク兵がマスケット銃をもつ兵士を、守ることにした。

パイク兵は、とても長い槍をもった兵士のことで、縦横の列に並んで正方形になるように整列する。その周囲に、マスケット銃をもった兵士を配置する。彼らが銃をこめて射撃の準備をしているあいだ、パイク兵は槍をいが栗のように周囲に突き出して、騎兵の突入を防ぐ。パイク兵とマスケット銃の組み合わせは、無類の強さを発揮した。

銃剣の発明

一七世紀の半ばに、銃剣が発明された。

銃剣は、マスケット銃の先端に、剣をつけられるようにし、銃を槍としても使えるようにするものである。ふだんは外しておき、戦闘時に着剣する。銃剣が歩兵の標準装備になったので、パイク兵は必要なくなった。

アンデルセンの「鉛の兵隊」のように、きれいな軍服を着て銃をたずさえているのは、誰もが抱く兵隊のイメージだが、銃剣つきマスケット銃をもった兵士である。

銃剣は、歩兵が敵陣に突撃し、白兵戦を戦う場合にも有効だというので、第二次世界大戦まで用いられていた。

傭兵の時代

マスケット銃と大砲が普及して、戦争の様相は一変した。

中世以来、甲冑に身を固め馬に乗った騎士や、城郭に立て籠もる領主が、戦闘の立役者で、軍事力と政治力を握ってきた。銃は甲冑を貫き、大砲は城郭を破壊する。封建制の基盤がつき崩された。銃や大砲は、操作さえ覚えれば、身分がなくても、修練を積まなくても、誰でも使いこなすことができる。戦闘の主役になれる。騎士や領主に代わって、銃や大砲を操作する人びと、そして彼らを雇い入れ、銃や大砲の費用を負担する人びとが、軍事力と政治力を手に入れた。

最初に熱心に、軍備の強化を進めたのは、イタリアの諸都市である。最初は都市の若者が軍務を担い、やがて傭兵が主役になった。都市は、交易を通じて富を蓄積し、自前で軍隊をもった。

だが都市は、戦争の主役の座を、絶対王制に譲ることになる。

*

フランスやプロイセンに典型的な絶対君主*は、常備軍を擁して、覇権を追求した。常備軍を維持するには、巨額の費用がかかる。それを徴税によってまかない、兵士を雇い入れた。傭兵制である。

傭兵制では、兵站(へいたん)(ロジスティクス)が大事である。兵站とは、兵員や武器や兵糧を、戦闘予定地まで送り届けることをいう。傭兵は、金で雇われるならず者たちなので、武器を渡すと乱暴を働く。食糧を支給しないと戦わない。給与を払うと逃げてし

*絶対君主　中世の領主と違って、ある程度広い領域を排他的に支配し、徴税権をもち、官僚機構と常備軍を擁し、法律制定権を行使して、国家を経営した。

まう。なんとも扱いに困る連中なのだ。

デューマの『三銃士』という小説がある。アトース、ポルトース、アラミスの三人の銃士に、ダルタニアンは憧れている。彼らは剣術の使い手だ。だが、彼らの本職は、銃士。マスケティアー。マスケット銃を手に戦場で戦う傭兵である。ふだんは銃を持たされず、剣で暴れているのである。

*

銃や大砲で武装した絶対君主の軍隊は、中世以来の封建領主の武力を粉砕した。時代は着実に、近代に向かって進んでいく。

集団戦法

銃剣つきマスケット銃で武装した歩兵が、陸軍の中核となった。その戦法は、集団戦法である。

マスケット銃は、射程が短く、射撃も正確でないので、一斉射撃が基本戦術になる。それには、横隊で前進し、敵軍が射程距離に入るまで、待たなければならない。これは、敵もまた、わが軍を射程に収めることを意味する。大変な恐怖をともなう。

そこで兵士たちは、平素、教練（ドリル）を繰り返す。歩幅を一定にし、太鼓のリズムに合わせて行進する。列を乱してはならない。縦隊を横隊に組み換えたり、行進する方向を九〇度変えたり、厳しい訓練を通じて兵員の一体感を生み出す。

＊

このころの戦法は、横隊で前進するやり方が主流だった。士官はピストルやサーベルを持っており、横隊を組んで前進するのをしぶる兵士がいた場合は、命令不服従で殺害できる。

双方が横隊で接近し、一斉射撃をすると、兵士はばたばたと倒れる。遊技場の射的のようである。この戦法の死傷率は、六〇%ともいわれ、きわめて高かった。

高価な常備軍を、戦闘で消耗するのは損害である。そのため、なるべく戦闘を避け、有利な情勢をつくり出して勝利するのが、すぐれた指揮官だとされた。

海賊と私掠船

海軍は、陸軍に比べても、整備が遅れていた。正規の海軍をまかなうのは、莫大な経費がかかったからである。

当時、海上は無法地帯で、商船も軍艦もあまり区別がなかった。商船も、武装していないと、途中で襲われて無事に目的地に到着できる見込みがなかった。商船は、武装した戦闘員を乗せ、大砲を積んでいた。そうした武装商船が、戦時には、海軍に編入された。

＊

イギリス海軍の前身は、海賊だといわれる。その実態は、武装した商船だった。その彼らが、新大陸からしこたま銀や商品を積んで本国を目指すスペイン船を襲撃し、積み荷を奪い取る。スペインに言わせれば、海賊である。（イギリスに言わせれば、そもそもそれらの富は強奪してきたのだから、さらに奪い取っても正当なのである。）

フランス海軍にはこの裏返しのやり方があった。任務がなく、給与も払えない軍艦に、しばらく私掠船（しりゃくせん）＊としての認可を与える。その期間は海賊となって、ひと稼ぎして来い、という許可である。

海賊や私掠船が姿を消し、海上の安全が確保されるまで、こうした状態が続いたのだった。

軍隊の改革

一八世紀になると、軍隊の限界も目立つようになった。マクニール『戦争の世界史』にしたがって整理してみよう。

第一に、人数の制約。五万人以上になると、統制がとれなくなる。戦場はうるさく、視界も悪いので、指揮命令が行き届かないのである。

第二に、補給に限界がある。食糧、飼い葉、馬、輸送手段が間に合わなくて、一〇日も行軍すると、先が続かなくなる。

第三に、組織的な問題。ヨーロッパの軍隊は傭兵に起源があり、キャプテンが私的に募集した兵隊の集まりだったので、人事や昇進のシステムに問題があった。

第四に、兵員の不足。人口の大部分は、税金は払っても軍隊には加わらなかったから、動員できる兵員に限度があった。

*

そこで、つぎのような改革が行なわれた。

参謀将校の役割をはっきりさせた。平時から各地をみてまわり、地図を作成し、戦時には作戦命令を立案し、指揮系統を握った。

作戦単位として、全軍をいくつかの「師団」[*]に分け、それぞれに歩兵、騎兵、砲兵、

*私掠船　海上で商船の積み荷を略奪する武装船。

工兵などを配して、独立に動けるようにした。

兵隊の募集は国の責任となり、給料と支給品を約束して、兵士にした。

大砲の改良

フランス人ジャン・マリッツ（一六八〇－一七四三）は、大砲を、中身の詰まった金属棒として鋳造したあと、あとから砲腔をくり抜く方法を考案した。この穿孔法によって、少ない火薬で、砲弾を遠くまで飛ばすことができた。この方法はたちまち、イギリスやロシアにも普及した。

フランス人ジャン・グリボーヴァル（一七一五－一七八九）は、野砲を考案した。ねじで仰角を調整し、照準装置でねらいをつけ、砲弾と火薬をひとつのパッケージに組み合わせた。発射間隔が短くなり、着弾地も正確に予測できるようになった。砲弾の種類も、貫通するもの、散乱するものなど、いくつも開発された。

野砲は、戦場に運んで会戦面を支配できる、重要な兵器である。砲兵は、砲の運搬も任されることになり、砲兵将校を養成する学校もできた。将校は当時、貴族が就くものだったが、砲兵将校は理工系なので、平民でも任官できた。

＊

こうしていよいよ、フランス大革命とナポレオン時代、そして近代戦争の時代を迎えることになる。

ナポレオンの軍事革命

ナポレオン軍はなぜ、連戦連勝、破竹の進撃を続け、ヨーロッパを征服することができたのか。

武器が改良された、わけではない。用兵が、新しくなったわけではない。戦争を支える思想が新しくなった。戦争を支える主体が新しくなった。

それは、ナショナリズムである。

*

フランス革命の結果、フランス共和国が成立した。フランス国民が樹立した、新しい国家だ。国王は処刑された。君主のための国家ではなく、国民のための国家だ。外国の干渉戦争をはね返すため、フランスの若者は軍に加わった。フランスの国歌

＊師団　ディビジョン。陸軍の作戦行動の単位。数万人の集団で、自律的に行動できる。連隊－大隊－中隊－小隊からなる。

『アルプス越えのナポレオン』
ダヴィッド画

「ラ・マルセイエーズ」は、その高揚をいまに伝えている。

ナショナリズムの軍隊を率いたのが、ナポレオンである。

これまでの傭兵制にかえて、徴兵制がしかれた。フランスの田舎でくすぶっていた若者が何十万、何百万と、共和国の軍人になった。彼らに銃と軍服を与え、訓練して、戦場に送り出す。傭兵に比べて、費用はほとんどかからない。しかも、士気は高い。

*

これまでの絶対王制の軍隊は、五万人、一〇万人ほどだった。それが一挙に、人数が増えた。陸軍では、兵力（兵士の人数）が勝敗をわける。ナポレオンが勝利するのは、当たり前なのである。

ナポレオンの作戦

ナポレオンは、最高指揮官として軍を率いた。絶対王制の君主と違って、砲兵将校として、軍事学を学んだ生粋の軍人だ。

砲兵将校は、ほかの将校と違って、貴族でなくてもよい。(ナポレオンは、コルシカ島の、田舎貴族の出身だった。) 物理学など理工系の学問を修める、専門家である。プロの軍人としての意識と、絶対的な自信をもっている。

*

ナポレオンの新機軸は、行軍の方法だった。

それまでは、傭兵たちのための補給物資の運搬が大変だった。テントで寝かせるため、テントを荷車で運び、大量の馬の飼い葉や、武器弾薬や、そのほかの物資を運ぶ。道路は整備されていないから、行軍のスピードは遅くなる。

ナポレオンは、兵士をテントで寝かせるのをやめにした。毛布にくるまって、道端に寝ればよい。兵士の人数が増えて、補給が間に合わなかったのだろうが、ひとつの決断である。毛布は背中にくくりつけて、兵士が自分で運ぶ。

食糧や飼い葉は、本国から運ぶかわりに、現地で調達することにした。「調達」とは、実態は掠奪である。これなら補給はしなくてよいが、現地の住民とのあいだで問題が起こる。

どうしても、大砲は運ばなければならないが、軍全体の移動スピードは、従来の倍ぐらいになった。移動スピードが速まれば、予想外の場所に、予想外のタイミングで現れることができる。決戦平面に、相手より多くの兵力を集中できる。勝利が手に入る。

横隊から縦隊へ

戦術面でもうひとつ、ナポレオンの新機軸とされているのは、縦隊突撃を採用したことだ。

それまでは、平野で横隊に展開し、敵軍に向かって前進して、一斉射撃を行なう戦法が主流だった。十分に訓練しないと、横隊での前進はできない。いきなり徴兵されたばかりのフランス軍兵士には、無理である。

そこで、横隊に展開するかわりに、現場の指揮官にしたがって、縦隊で突撃する戦法を採用した。縦隊だから、敵軍からみて目標になりにくい。突撃のあいまに射撃すれば、横隊に打撃を与えることはできる。横隊の一角を突破してしまえば、白兵戦を互角以上に戦える。

*

軍事史の本には、このように書いてあるが、横隊と縦隊を柔軟に使い分けることは、革命前のフランス軍がすでに採用していた戦法らしい。

それはともかく、敵陣をめがけて数量にまさる歩兵が突撃するというのが、ナポレオン軍のイメージとなり、相手側に恐怖を与えた。

殲滅戦

ナポレオン戦争のもうひとつの特徴は、容赦のない殲滅(せんめつ)戦である。

両軍の主力が、正面から衝突する。相手の戦闘力を壊滅しようと、ぶつかりあう。武器も戦法も似ているから、両軍にほぼ同数の損害が出る。いっぽうが、これ以上もちこたえられないと退却し始めると、追撃に移る。追撃戦では、追撃される側の損害が大きく、追撃する側の被害はわずかである。追撃戦で、相手の兵士を多く殺害することが、勝利を決定づけるのである。

＊

勝利した側は、そのまま進撃して、相手国の心臓部に入りこむ。首都を占領する。相手国を屈服させ、講和条約を結ばせる。それは、相手国の君主を廃位したり、政体を変更したりすることを含む。

ナポレオン軍は、「自由・平等・博愛」のフランス革命の理念を掲げ、ヨーロッパを席捲しようとした。イデオロギー戦争である。絶対王制の君主と君主の戦争なら、いくらでも妥協の余地がある。イデオロギー戦争には、妥協の余地がない。倒すか、倒されるかの殲滅戦になる。

こうして戦争が、かつてないほど大規模で過酷なものになったのが、ナポレオン戦争の特徴である。

ナポレオンの落日

ナポレオン軍と戦った各国の軍隊は、ナポレオンの真似をしないと、勝てないことに気づいた。そこで、ナポレオン軍の真似が始まった。

徴兵制をしく。これで、兵員の数を増やすことができる。装備を軽くして、行軍のスピードを速くする。戦術を柔軟にする。市民革命をへていないので、フランスのようにうまく進まない点もあるが、そんな理屈を言っている場合ではない。とにかく、フランス軍に負けないようにする。これが先決だ。

そうやって、しばらくすると、ナポレオン軍と、ヨーロッパ諸国の軍は、だんだん五分五分になって、ナポレオンの神通力は次第に失せてきた。奇襲をしても前のようにうまく行かないし、こちらの行動を読まれて対策を講じられてしまうようになった。

ナポレオンはこのことに、納得が行かない。自分は軍事的天才で、戦えば勝てるとまだ思っている。事情が変化しつつあることに、頭がついて行かない。

*

ナポレオンのロシア遠征は、こうしたなかでも、最大の失敗だった。モスクワは遠く、補給路が長すぎた。ロシアの冬を甘くみた。焦土作戦で、苦しめられた。決戦を求めて歩き疲れ、退却を始めると追撃戦にあった。教科書どおりに正しく戦ったのは、ロシア軍のほうだった。

軍事的に失敗するナポレオンは、その地位に留まることができない。ナポレオンの時代は終わりつつあった。

プロイセンの軍制改革

だが、ナポレオンは、歴史に、逆戻り不可能な一歩をしるした。

殲滅戦の思想が、軍事の基本になった。絶対王制の軍隊から、近代的な軍隊に、各国は脱皮をはかった。それにつれ、各国で、フランス革命の影響を受けた政治改革や社会改革が、開始された。

そうしたひとつが、プロイセンの軍制改革である。

改革派の軍人、シャルンホルストやグナイゼナウが、プロイセン軍の近代化をやりとげて、ヨーロッパ最強の軍隊を築く基礎をつくった。シャルンホルストやグナイゼナウは、陸軍軍人であるが、国民的な人気が高く、海軍の軍艦にも名前がついている。彼らの若い盟友が、クラウゼヴィッツである。理論家肌の彼は、ナポレオン戦争の教訓を生かして、『戦争論』という書物をまとめた。軍事学の古典として、今日でも読み継がれている。

第五章　グロチウスと国際法

フーゴー・グロチウス

国際法の父、グロチウス

さて、少し歴史の針を戻して、戦時国際法の基礎をすえたグロチウスの業績をふり返ってみよう。

フーゴー・グロチウス（一五八三―一六四五）は、一七世紀前半に活躍したオランダの法学者で、外交官。『戦争と平和の法』（一六二五）を著し、「国際法の父」とよばれる。

名門フロート家の生まれで、一一歳でライデン大学に入学。一五歳で首相一行に随行しパリを訪れる。一六歳で弁護士を開業。海事事件を担当し、国際法を研究する。と、ここまでは順調だったが、三五歳で国内の政争に巻き込まれ、国家転覆陰謀の罪で終身禁固。妻の助力で脱獄し、フランスに亡命する。四二歳で『戦争と平和の法』を出版。帰国が許されず、五一歳よりパリで、駐仏スウェーデン大使を務める。六二歳、旅先のドイツで病死。グロチウス自身が亡命者であり、波乱の生涯を送った。

*

『戦争と平和の法』は、聖書やキリスト教神学、古代ギリシャの法律、ローマの法律、ヨーロッパの慣習法などを根拠に、国際社会が従うべき法について明らかにする、古典的な大著。主権国家が戦争する場合にも、ルール（戦時法規）に従わなければならないことを明らかにした。戦争を、まったくの無秩序状態であるかのように誤解しないためにも、戦時国際法をわきまえることは重要である。

＊

『戦争と平和の法』は、自然法の思想に立脚している。現代の国際法は、条約やレジームを重視する傾向があり、自然法の思想を、古いと敬遠する向きがある。けれども、国際法は、明文をもつ条約にも、歴史や民族の制約を受ける慣習法にも、還元できない自然法としての本質をもつ。特定の時代や場所の制約をこえた、およそすべての人びとが従わなければならない普遍のルールと想定されているからだ。これは、国際法を理解する基本で、今日でも有効な考え方だ。

もうひとつ、『戦争と平和の法』は、主権国家のほかにも、私人や山賊など、さまざまな主体が武力行使するケースを幅広く論じているのが利点である。テロが重要なテーマとなり、いわゆる非対称戦争（正規軍と戦闘員資格をもたない団体との戦争）を考えなければならないいまの時代、グロチウスの議論はおおいに価値がある。

自然法について

『戦争と平和の法』は、全3巻からなる。ラテン語で書かれたとても分厚い書物だが、さいわいなことに日本語訳がある。三〇年以上前、定価が六万円あまりもして、痛い出費であった。

この本の内容は大きく分けると、第1巻が、戦争の本質論。第2巻が、戦争の背景となる物権や人権についての基礎理論。第3巻が、戦時国際法規。以下、おおむねこの順序に従い、グロチウスののべるところを要約しよう。

＊

グロチウスによれば、法は、つぎのように区分できる。

第一は、自然法。これは、《正しき理性の命令》(I-52)である。

自然法は、天地創造と同時に、神によって立法された。理性はその際、人間に与えられた。人間は、理性に従って、「自然法」を発見することができる、と考えられる。これはキリスト教神学の、標準的な理解である。

第二は、意思法。これは、神意法と人意法がある。神意法は、モーセの律法のよう

＊自然法　制定法（条文をもち、文字で書かれたふつうの法）に対して、字で書かれておらず理性で発見するしかない法。立法者は神であって、創造とともに定められた永遠不変の法であり、すべて人間はそれに従う義務があるとされた。キリスト教の神学に根拠をもつ。

に、神が定めた成文法。人意法は、人間が定めた制定法（国民法）。

第三は、万民法。これは、すべて（あるいは、複数）の国家間の法であって、「大いなる世界（magna universitas）」の利益を考慮する。

＊

戦争は、以上の法の効力を停止するか。

《敵国間においては成文法、すなわち、国民法は効力を失う》が、不文法、すなわち自然法や慣習法は、依然効力を有する（I-16）。

＊

戦争は、自然法に反しない。そのことをグロチウスは、歴史や万民法やユダヤ法や福音書や教会法を根拠に論証している。

公戦と私戦

戦争に、公戦と私戦の区別がある。公戦とは、交戦権をもつもの（主権国家のこと）の命令で行なわれる戦争。私戦は、それ以外。いっぽうが公戦でもういっぽうが私戦の場合は、公私混合戦（いわゆる、非対称戦争）となる。

戦争が正式であるためには、交戦権のある主権国家が、ある形式を守って、行なう必要がある。

＊

では、主権（jurisdictio）とは何か。《ある者の行為が、他の者の権利に従属せず、従って他の者の…決定によって無効とせられえないとき、かかる権力》（I-143）である。これは、通常の主権の定義と同じである。

主権は、人間と同じく、約束をすれば、それに拘束される。それでも、主権者であることをやめない。条約を結んでも、主権者は主権者である。《不平等条約によって拘束されるものも、主権を保有しうる。》（I-174）覇権国が小国と不平等な軍事同盟条約を結んでも、小国は主権を失わないのである。

自衛のための戦争

第2巻は、まず、自衛戦争は正しい、とのべる。《戦争を行なう正しい原因は、危害を受けること以外には他に何も存しえない。》（II-244）《生命を危うくする目前の危機が加えられ、他の方法によって避けられぬ場合は、たとえ加害者の殺害を含むとも、戦争が許される…。この防衛権は、自然が各人に対して与えたという事実に…淵源を発するのであって、加害者の不正または犯罪から発

するのではない。》(II-247)

自衛権は、自然権にもとづく。逃亡の途中、妨げとなる無害の者を死なせてしまうとしても、自然法に合致する。(ただし、福音書の教えには反する。)加害者が武器をとって殺害の意図が明らかな場合、機先を制することができる。(しかし、恐怖を抱いたからといって、機先を制して相手を殺害する権利を認めるのは間違っている。)

このように、自衛の範囲は、狭く解釈しなければならない。

さまざまな権利

海は、《広大で…すべての人民の、用水、漁猟、航海などいかなる用途にも充分であるから》(II-273)、私有権の対象とならない。海は公共のものである。

陸は、人びとが私有する。誰のものでもない土地は、見つけた者が占有できる。物には、私有権が及ぶ。ただし、《最大の必要のある場合…、原始的な物の使用権が、共有状態を続けるがごとくに復帰する。》(II-276)航海中に食糧が不足すれば、共有すべきである。

＊

《敵がその場所に侵入し、かつ回復しえざる損害が生じるかもしれないという…確実なる危険が存在する場合…、平和なる領土を…占領することが許される》(II-279)。明治政府は、ロシアが朝鮮半島を拠点にするのを警戒して、朝鮮を支配下に収めようとしたが、ここにのべてある論理を拡大解釈したものである。

陸地では、人びとの無害通行権がある。人びとが戦争をしかけるかもしれないという恐怖は、通行を拒む理由にはならない。

＊

《自己の定住地を追われて避難所を求める外国人に対しては、…その永住を拒否すべきではない。》(II-285 f) 難民の権利についての、重要な規定である。

＊

《国家を形成しない海賊および盗賊は万民法を援用できない》(II-661)。テロリストのような任意団体は、国際法の保護を受けられない。アメリカ軍がキューバのグアンタナモ基地で、アメリカ国内法にも戦時国際法にも縛られずに、彼らが捕まえた「テロリスト」にやりたい放題の「尋問」をしているのは、こういう背景による。

＊

《キリスト教を受け入れようとしない者に対して戦争を行なうことは正しくない》(II-756)。しかし、《キリスト教徒を、その宗教のためにのみを以て残忍に取り扱うものに対して戦争は正しく行なわれる》(II-765)。信仰の自由が守られないならば、それは、戦争の理由になるのである。

戦争の原因

第2巻の最後で、グロチウスは、戦争の原因について考察する。

戦争を始めるものには、多くの誘因がありうる。正当な原因の場合もあれば、そうでない場合もある。たとえば、隣国に対する恐怖や、隣国が要塞を築いた、は正しくない。戦争すれば利益になる、も正しくない。《戦争は、その結果、無辜*のものにすら、通常多くの災害を与える…。それ故、意見が全く岐(わか)れている場合は、平和のほうに向かうべきである。》(II-845)戦争のコストを考えなさい、国論が割れるなら戦争をしないのがよい、とグロチウスは忠告する。

*

ではどのような場合に、戦争を行なうべきか。《はるかに強大であるもの以外は、処罰をさし控えるべきである。》(II-866)相手に非があり、制裁が必要だったとしても、強大な覇権国ならいざ知らず、それ以外の国は戦争するべきでない、というのだ。《余儀なき場合でなければ、戦争を行なうべきではない。…最大の好機において最大の原因を有する場合以外、戦争を行なうべきでない。》(II-867 f) つまり、ほとんどの場合に、戦争をすべきではないのである。

*

自衛戦争は正しい、のだった。では他国のための戦争は、許されるか。《戦争は従属者のため正しくこれを行ないうる》(II-875)。《戦争は、平等または不平等同盟条約国のためにも正しく行なわれうる》(II-878)。集団的自衛権により同盟を結んだ相手が攻撃された場合に、反撃の戦争をするのは正しい。さもなければ、自力で自衛するのがむずかしい小国は、安全保障をはかることが困難だろうから。

戦場では、必要なことはできる

第3巻でグロチウスは、実際に戦争をする場合に、従うべきルールについて論じる。《戦争においては、目的のために必要なことは、許されうる》(III-903)。《予に危害を加えるものに、その同盟者として、或いはその従属者として加担するものは、彼ら

*無辜(むこ)　罪の無いこと。

に対して予を守る権利を予に与える》(Ⅲ-905)。《戦争に必要なものを敵に供給するのは敵側である。》(Ⅲ-907) 戦場では、禁止されていないことは、できる。戦争法規は、禁止規定である。敵に加担するものは、敵とみなしてよい。

ここからわかるのは、敵とみなされないためには、すなわち中立の権利を確保するためには、非武装中立はありえないことである。交戦するいっぽうの国が、補給を求めるなどの理由で自国に立ち入ろうとした場合、実力でそれを排除しなければ、もういっぽうの国から攻撃されても文句は言えない。

*

つぎの箇所は、まきぞえ被害(collateral damage)についての原則である。

《海賊で一杯の船或いは盗賊の充満した家は、たとえ同じ船または家のなかに僅少の幼児、女、…他の無害のもの達がそれによって危険を受けるとしても、…破壊しうる》(Ⅲ-905)。無害のものたちは、人質であるかもしれない。だがここで攻撃をためらうと、海賊や山賊は活動を続け、さらに多くの無害の人びとを危険に陥れるだろう。

兵士の免責

戦闘中の兵士は、刑事責任を問われない。これは、確立された慣習だ。

《敵の身体とその財産を害することは…許される。…外国の領土内で、たまたま捕らえられた者は、その原因のため、殺人者或いは盗賊として罰せられえない…。》(Ⅲ-967) 平時なら罪となる行為が、戦時には、罪とならない。兵士は、ルール（戦時法規）に従って戦闘に従事しているかぎり、刑事責任を問われることはない。

また、戦争の被害について、被害者が民事の損害賠償請求ができないのは、古来よりの確立した慣習法である。

＊

とは言え、つぎの規定も重要である。《万民法によれば、何人をも毒殺することは禁ぜられる》(Ⅲ-974)。《武器に毒を塗り、或いは水に毒を入れることは禁ぜられる》(Ⅲ-977)。毒を用いて戦争をすることは、古来からの慣習法で禁止されている。毒の延長上に、生物兵器、化学兵器、核兵器がある。なぜ禁じられるかというと、強力な軍隊をもつ国が覇権を握るという当然の国際秩序が、毒によって脅かされると人びとが感じるからであろう。

《戦争における婦女子に対する暴行は、…平時におけると同様、戦争においても不罰であってはならない》(Ⅲ-981)。女性や子どもに対する暴行は、戦争の遂行に必要なく、無関係な行為だからである。

捕虜

戦争で、敵に投降したり、捕まったりした兵士が、捕虜である。捕虜は、ひとつの身分であって、戦時国際法の保護を受ける。虐待は許されない。

＊

だが、古代では、こうではなかった。《万民法によれば、正式の戦争中に捕らえられた者は、すべて奴隷になる》（Ⅲ-１０３１）。《かかる奴隷に対しては、いかなる苦痛を与えても咎めなく、あらゆる行為を、いかなる風にも命令し、強制しうる》（Ⅲ-１０３３）。

このように、戦争では、捕虜を奴隷にできた。だが《内乱では、捕虜を奴隷にしえないために、多くの場合、彼らは殺害された》（Ⅲ-１０３４）。奴隷となって生き延びることさえ、できない場合があった。

＊

捕虜になることは、身分の変更を意味したので、戦争が終わっても、もとの身分に復帰できるとは限らなかった。奴隷にされて主人がいた場合、主人の権利は、戦争が終わっても解消しないからである。

そこで捕虜は、自由になるため、脱走をはかる。《戦争の継続中自己の同胞に向かって逃亡するならば、戦後復権によってその自由を回復するが、もしその同胞以外のものに向かって逃亡するならば、或いは講和がなされた後は、たとえ自己の同胞に向かってすら逃亡するとしても、その主人が彼を請求するときは、返還されるべきである》(III-1035)。欧米の戦争映画で捕虜たちが、戦争が終わるまでに逃亡して、再び戦線に復帰しようとするのは、こうした法慣習を背景にしている。

＊

さて、キリスト教徒は、互いに戦争で戦った場合、捕虜を奴隷とすることをやめた。だが、奴隷制を廃止したわけではなかった。《キリスト教徒は、その相互間に発生した戦争において捕らえられた者を奴隷にしないが、これを売買すること、苦役を強制すること、および奴隷にふさわしい事柄を課することを全般に認めている。》(III-1038) これが、アメリカに奴隷州があった理由である。

敗戦

戦争で負けた者に対しては、勝者の支配権が及ぶ。《人びとの集団の全体を、或いは単に国家的、或いは単に個人的、或いは混合的たる従属によって、自己に従属せしめうる》（Ⅲ-1042）。

戦争は、講和条約を結ぶことによって、終結する。この機会に、敗者は勝者に譲り、勝者の意志を押しつけられることになる。《戦争においては、常に講和を目標とすべきである》（Ⅲ-1274）。《またたとえ損害を受けるとも、講和を受諾すべきである。…これは戦敗者にとって有利である。これは、戦勝者にとっても有利である》（Ⅲ-1274f）。

グロチウスは戦争を、主権国家と主権国家のあいだの行為ととらえているので、戦争によって相手の主権国家が消滅・解体するような場合を考えていない。

＊

《別段のことが含意されない限り、すべての講和条約においては、戦争によって生じた被害のためには、何らの賠償責任がないと…取り決められていると考えなければならない》（Ⅲ-1206）。これも古来からの、慣習法である。

人道に対する配慮

戦争は、正しく遂行しうるものだとしても、人間に対する充分な配慮（殺戮（さつりく）権の緩和）が必要だと、グロチウスはのべる。《無辜なるものの死は、不慮の出来事によるといえども、可能な限り、防止するように配慮すべき》（Ⅲ‐1090）である。女性と子ども、老人、聖職者、文筆家、農民、商人、捕虜、…の生命と安全を配慮することが求められる。

《無条件にて降伏する者もまたこれを助命すべきである》（Ⅲ‐1091）。また、《すべて無用なる戦闘は避けるべきである》（Ⅲ‐1101）。

＊

戦争を遂行する場合にも、終結する場合にも、敵相互間の信義が重要である、とグロチウスはのべる。

《敵が何たるやを問わず、敵に対して信義を守るべきである》（Ⅲ‐1180）。《信義は不信なる者に対してすらこれを遵守すべきである》（Ⅲ‐1190）。この意味でも、戦争は、まったく無秩序な状態であってはならない。

結論として

『戦争と平和の法』を通じて、グロチウスが訴えたかったのはなにか。それは、戦争が残念ながら避けられない出来事だとしても、そこにはルールがあり、人道があり、信義があるということだ。そもそも不必要な戦争は避けるべきだし、戦争になったとしても、不必要な犠牲や損害は避けるべきである。このことを、すべての為政者や軍人は、肝に銘じていなければならない。そう、訴えているのではないか。

＊

当時、銃や大砲が実用化され、新しい技術が戦争に応用されて、戦争はますます大規模に、熾烈(しれつ)なものになっていた。しかし、戦争のその後の深刻さからみれば、グロチウスの時代はまだしも、牧歌的だったとみえてしまう。

それでも、『戦争と平和の法』が書かれていなかったら、戦争はもっと多くの人びとの生命を奪い、もっと無秩序で過酷なものとなっていたであろう。戦時国際法、人道法を整備し、戦争の惨禍をくい止めようとする努力は、もっと弱く、そして遅くなっていたであろう。グロチウスが自分の不幸とひきかえに、本書にこめた訴えを、しっかり受け止めたいと願うのである。

第六章　クラウゼヴィッツの戦争論

カール・フォン・クラウゼヴィッツ

戦争論の古典

クラウゼヴィッツの『戦争論』は、戦争論の古典として、高い評価をえている。一九世紀の前半に書かれた、ほとんど二〇〇年前の書物であるが、戦争について科学的、体系的に論述した、ほぼ唯一の書物であると言ってよい。

クラウゼヴィッツの『戦争論』を読むことによって、近代の戦争の恐るべき本質を、心の底から理解することができる。

*

『戦争論』は、ナポレオンの登場によって革命的に変化したヨーロッパの戦争のあり方を、解明しようという動機で書かれている。クラウゼヴィッツはプロイセンの軍人で、ナポレオンのフランス軍と戦い、苦杯をなめた。そしてフランスで、最新式の陸軍の実態にふれ、プロイセンも軍を改革しなければと覚悟した。

クラウゼヴィッツは、フランス軍のどこに、衝撃を受けたのか。ナポレオンが戦争にもたらした革命的な変化について、まずふり返ってみよう。

フランス共和国の軍隊

フランスは、ブルボン王家の絶対王制が続き、ヨーロッパ諸国のなかでももっとも中央集権的な体制を整えていた。それなりに強力な常備軍（陸軍、海軍）を擁してもいた。

陸軍の将校は、貴族の出身に限られていた。（ただし、砲兵将校は例外だった。）ヨーロッパ諸国にとって、将校を貴族から構成することは、有利であった。国王に対する忠誠と規律を要求することで、体制の安定をはかることができたからである。

＊

フランス革命（一七八九－一七九九）は、多くの貴族を断頭台に送った。大勢の貴族が国外に亡命した。軍人はいまや国王ではなく、フランス共和国への忠誠を求められた。ナショナリズムの高まりに応じて、革命を支持した将兵も多かった。外国の干渉戦争が始まると、フランス軍は革命を守るために戦った。

フランス革命以前に、武装した市民が共和制の国家を樹立した、アメリカ合衆国の先例があった。フランスから、ラファイエット率いる義勇軍が、アメリカ独立のため参戦していた。その基礎があって、絶対王制の軍隊が、共和国のための軍隊に生まれ変わったのである。

ナポレオンの奇蹟

ジャコバン党の恐怖政治[*]で混乱したフランス共和国を救ったのが、ナポレオンの登場だった。ナポレオンは、独裁的な権力を握り、ついに皇帝に即位する。

ナポレオンは、コルシカ島出身の、砲兵将校だった。田舎者である。しかしその弱点をバネに、救国の英雄にのしあがった。

フランス革命は、人類普遍の理念を掲げた。ヨーロッパ諸国は、その理念を危険だとみて、革命を潰しにかかった。それに反撃し、普遍的な理念を世界に押し広めようとしたのが、ナポレオン戦争である。

＊

ナポレオンは、ヨーロッパを征服し、軍事的に大成功を収めた。ナポレオン以前と以後で、武器や装備に実は大きな違いがない。それなのにナポレオンは、連戦連勝と恐れられた。その秘密は、何なのか。

＊ジャコバン党の恐怖政治　フランス革命を主導したのは、穏健なジロンド党と過激な共和派のジャコバン党であったが、ジャコバン党のロベスピエールが実権を握ると、貴族はもちろん多くの政敵をつぎつぎ断頭台に送る、独裁の恐怖政治が猛威をふるった。

決定的なのは、フランスが、徴兵制をしき、市民からなる国民軍を編制した点である。それまでの傭兵軍と異なり、士気が高かった。そして、人数が多かった。特に、それまでより格段に大勢の兵員を、動員できるようになった点が、ナポレオンの奇蹟の秘密だ。迎え撃つヨーロッパ諸国も、徴兵制と動員の体制を、整えなければならなくなった。不可逆の歴史の歯車が、回ったのだ。

*

この、ナポレオンの軍事革命の激動が、『戦争論』には刻印されている。近代の戦争がそなえる法則性が、物理学のような精神で突き止められている。

クラウゼヴィッツの生涯

カール・フォン・クラウゼヴィッツは一七八〇年、シレジアの貴族の家に生まれた。ポツダム歩兵連隊の士官候補生となったクラウゼヴィッツは、一七九三年、対仏戦争に参加。一八〇一年、ベルリン士官学校に入学し、シャルンホルスト（改革派の軍人）の知遇をえて、彼の推薦で卒業後、皇太子の副官に就任する。一八〇六年、イエナ会戦に参加し、皇太子と共に捕虜となり、フランスで、フランス軍の優秀なシステムを体験する。一八一〇年、少佐に昇進する。

一八一二年、ナポレオンのロシア遠征に際し、プロイセン国王がフランスと連合したのに反対、改革派の同志と共に軍を辞し、単身ロシア軍に加わって、ナポレオンのモスクワ敗退を目撃する。翌年、プロイセン軍に復帰、一八一五年にはワーテルロー会戦に参加する。一八一八年、ベルリン士官学校校長。

一八三〇年、ポーランド派遣軍の総参謀長として赴任するも、コレラに罹り、一八三一年死亡。遺稿を夫人が整理して、『戦争論』として出版した。

＊

クラウゼヴィッツはプロイセン軍の将校として、ナポレオンとの重要な会戦にはすべて参加。フランス陸軍に遜色ないプロイセン軍を育てるため、シャルンホルスト、グナイゼナウ（改革派の軍人）らと軍制改革に全力を傾けた、優秀な軍人である。

戦争の本質

『戦争論』は、突然の病死によって執筆が中断されたので、草稿のまま残された。クラウゼヴィッツ本人によると、充分に推敲して完成しているのは、第一部「戦争の性質について」の第一章「戦争とは何であるか？」だけだという。以下、第二部「戦争の理論について」、第三部「戦略一般について」、第四部「戦闘」、第五部「戦闘力」、

第六部「防御」、第七部「攻撃」、第八部「作戦計画」と続く。おおむねこの順序にしたがって、内容を紹介しよう。

＊

戦争の定義として、もっとも有名なクラウゼヴィッツの言葉は、《戦争とは他の諸手段による継続した政治以外の何ものでもない》(24)であろう。これは、著者の遺した「覚え書」の言葉であり、夫人によって、『戦争論』の冒頭に付されている。ほぼ同じ内容が、第一部第一章の、後ろのほうに書いてある(後述(63))。

いっぽう、第一部第一章の冒頭には、本書の序章に紹介しておいたように、つぎのように書いてある。《戦争とはつまるところ、拡大された決闘以外の何ものでもない。》(34)《戦争とは、相手をわれわれの意志に従わせるための、暴力行為である。》(35)

これ以上適切な、戦争の定義はないであろう。それに対して、政治と戦争との関係は、戦争を包むもうひと回り大きな文脈を明らかにするものだ。

際限のない暴力

暴力の行使には、限度がない。敵を暴力によって屈服させたいが、敵も同じことを考えている。敵の思う以上に、暴力を行使することである。《敵にわれわれの意志を押しつけようとするなら、…敵…が払わねばならぬ犠牲よりもより不利な状況に彼らを追いやらねばならない。しかもこの不利な状況は…一時的なもの…という気配が見えてはならない。…ますます不利なる状況に追い込まれるばかりであることを敵に覚らせるようなものでなければならない。…敵を事実上の無抵抗状態に追いやるか、…そのような状態に追い込まれるかもしれないと敵に危惧の念を起こさせることである。》（39）《軍事行動の目標とは、常に敵の武装解除（敵の粉砕）である。》（39）

敵をまったく無抵抗の状態に追い込み、敵を「粉砕」すること。この徹底性が、ナポレオン以後の戦争の特徴であり、『戦争論』の特徴である。

賭けの要素

戦力がほぼ均衡している場合、どちらも、戦争をすれば勝てるかも、と思う可能性がある。ゆえに、戦力が均衡するなら、戦争を防げるとは言えない。

戦力が均衡しておらず、いっぽうの戦力が劣っているとしても、今後ますますその差が開くばかりだと思えば、《不利な状態に転落する恐れのある者は相手の先手をとって戦わざるをえない…。》（52）真珠湾の開戦を決定した日本が、まさにそうだった。ゆえに、戦力が均衡していなくても、戦争の始まる可能性がある。

しかも、相手の状態を完全に理解することはできない。戦争は、主観的にも客観的にも賭けである。やってみなければ、結果がわからないのだ。《戦争には初めから可能性、蓋然性、幸不幸といった賭的性質が混入している》(60)。

政治と戦争

政治と戦争は、連関している。しかし、戦争はいったん開始されると、独自の法則性で運動し始める。《政治によって喚起された瞬間から、戦争は政治からまったく独立したもの、政治を押し退けるもの、そしてひたすらそれ自身の法則にのみ従うものとなる…。》(62)ゆえに、戦争の科学的研究（戦争論）が可能になるのだ。

《政治は全軍事行動を貫徹し、…軍事行動に絶えず影響を与え続ける》(63)。《戦争は単に一つの政治行動であるのみならず、…政治的手段でもあり、…他の手段による政治的交渉の継続にほかならない。》(63)

政治は、戦争を駆動する。政治は、言論と意思決定によって、現実をつくり出すはたらきのことだ。この政治が機能不全に陥ったとき、暴力によって片方の意志を相手に押しつけ、現実をつくり出す戦争が駆動される。言論と暴力が切り換わるこの関係を、クラウゼヴィッツはみごとに摑み出している。

戦争の目的と手段

では戦争は、どのような手段で、なにを目的として実践されるのか。

自国の意志を押しつけるために、敵国の抵抗力を奪う。すなわち、《戦闘力、国土、敵の意志》(69)の三つを脅かすのである。《戦闘力は壊滅されねばならない。…国土は占領されねばならない。…敵の意志を屈服させ、…講和条約に調印させ》(69)ない限り、戦争が終わったと思ってはいけないのだ。

そう、戦争の目的は、講和条約に調印させることである。武力の行使は、そのための手段にすぎない。

＊

戦闘力が残っている場合には、国土の奥深くに退いたり、外国に逃れて戦闘を継続したりする場合もある。(ナポレオンのロシア遠征や、南ベトナムの解放戦線の戦いを考えてみよ。)

講和条約を結ぼうと、敵国が思うのは、勝算の見込みが立たない場合、そして、勝利をうるには犠牲が大きすぎると思う場合、である。

そのためには、敵国の戦闘力を破壊する。そして、国土の一部を占領する。

敵を疲弊させるため、抵抗も手段になる。(日本軍の中国での泥沼を想起せよ。)敵の戦闘力を壊滅させる、敵の領土を占領する、権謀術数をめぐらす、敵の攻撃を受け止める、…すべては、敵の意志を屈服させるための手段とすることができる。(単に個々の戦闘で勝利することしか考えない、日本の陸海軍と比較せよ。)

戦闘が重要である

さまざまな手段で、敵の意志を屈服させるべきだとのべるクラウゼヴィッツは、だが、やはり戦闘こそ重要だと強調する。戦闘を避けて、戦争に勝利することはできない。

《戦争の手段はただ一つ…。それは戦闘である。…およそ戦争において生ずるものは、すべて戦闘力によってもたらされる…。戦闘力に関係あるもの一切、…戦闘力を養成し、維持し、使用するもの一切は軍事行動に属する。》(80)

ここだけを読むと、『戦争論』全体の流れを読み誤ってしまうので、注意が必要だ。《闘争にあって相互に区別される…単位のそれぞれを、戦闘(部分的な小闘争)と名づけておこう。…戦闘力の使用とはもともと一定の数の戦闘の序列にほかならない。》(81) 真珠湾攻撃やミッドウェー海戦のような個々の戦闘は、それを包む大きな闘争の文脈のなかではじめて、意味をもつ。

戦闘力の壊滅とは

《敵の戦闘力を壊滅する…ことは、常に戦闘の目的を達成するための手段である。》(82)《戦闘こそ戦争において実際的効果を挙げうる唯一のものである。》(85) このようにクラウゼヴィッツが強調するのは、それ以前、絶対王制の傭兵制の軍隊の時代に、犠牲を恐れるあまりに決戦を避けて運動を繰り返し、戦わずして勝利をうることが可能でありまた望ましいことであると、多くの人びとが考えていたので、それは戦争の真実ではないと指摘するためである。

彼は、さらに言う。《敵の戦闘力を壊滅させることは、他のいかなる手段よりも優れている…が、…高価な血の代償と危険性が伴うので、これを避けるためにのみ他の手段が考慮される。》(88)「高価な血の代償」という言葉の重みに注意してほしい。

＊

《もし敵が砲火を交えての大決戦の手段を選ぶなら、味方も当初の意図に反してやむなく砲火を交えての決戦で答えなければならない…。他の目標を追い求めるということは、敵もまた砲火を交えての決戦を望んでいないときにのみ許される。》(88)

すぐれた指揮官

では、戦闘を指揮するすぐれた指揮官とは、どのような人物か。クラウゼヴィッツは、ナポレオンを軍事的天才と持ち上げるような、ひらめき重視の議論には反対する。《軍事的天才とは…勇気…に加えるに理性とか情意とか、…種々の力が調和的に複合していなくてはならない。》(93)《低い地位にあって最大の決断力を示した者が、高い地位につくやその決断力をたちまち喪失してしまうといった多くの事例》(101)がある。《沈着とは…予期しない事態に、よく対処していく能力のこと》(102)である。

クラウゼヴィッツは、人間の類型に、活動性があまりない鈍重な人物/活発だが感情を発露させない人物/激しやすいが持続性を期待できない人物/精力的で深く潜行した激情の持ち主、の四つがあるとし、そのうち最後の類型が軍事的行動に巨人のごとき力量を発揮する、とのべる。

卓越した司令官とは、《創造的頭脳の持ち主というより…反省的頭脳の持ち主であり、一途にあるものを追い求めるよりは総括的にものを把握する人物であり、熱血漢というよりは冷静な理性の持ち主である》(124)、というのが結論である。

戦場での情報

《情報とは、敵軍と敵国についてのわれわれの全知識のことであり、…われわれの想定と行動の基礎となる》(131)。《戦争中にえられた情報の大部分は相互に矛盾しており、誤報はそれ以上に多く、…不確実ならざるをえない》(131)。《大抵の情報は間違っていると思って差し支えなく、しかも人間の恐怖心がその虚偽の傾向をますます助長させる》(132)。

このようであってみれば、情報と通信は、軍事行動を決定づける重要な要素である。情報を操作したり攪乱（かくらん）したりすることも、重要な戦略となる。

戦略と戦術

つぎに『戦争論』第二部で、クラウゼヴィッツはまず、軍事学の基礎を整理する。軍事学（あるいは、兵学）は、狭い意味では、《既存の手段を戦争に際して有効に使用する技術》、すなわち《作戦》(145)のことである。広い意味では、《戦争のためになされるべき全活動、つまり戦闘力を創造するための全部、徴兵、武装、装具の準備、訓練などすべてが含まれる。》(145)

《作戦とは、闘争を一定の秩序のもとに配列し遂行することである。》(146)

*

戦略（ストラテジー）と戦術（タクティクス）の区別が、とても大事である。《戦闘をそれ自体において秩序だて遂行することと、これらの戦闘を連合させて戦争の目的に結びつけることとは、まったく異なる活動に属する。…前者は戦術とよばれ、後者は戦略とよばれる。》（146）《戦術とは一戦闘中における戦闘力使用の学問であり、戦略とは戦争目的遂行のために数戦闘を使用する学問である。》（147）演劇に譬えるならば、それぞれの場面が戦術、場面をつないだ全体のストーリーが戦略、にあたる。

戦略と戦術が分離するので、参謀と指揮官が分離する。

戦術（個々の戦闘）を指揮するのが、指揮官。いくつもの戦闘を組み立てて全体を設計するのが、参謀。参謀は、最終的な命令権者（君主、主権者）にアドヴァイスして、戦争を勝利に導くシナリオを提供する。

《戦闘という単位は個人の命令の届く範囲のこと》（147）である。ここで個人とは、現場の指揮官を指している。

戦争の理論

クラウゼヴィッツは、従来の軍事学に、問題があったと指摘する。武器や要塞や軍隊の組織など、物質的素材に議論が片寄っていた。本来の意味での作戦が、きちんと論じられなかった。勝利をもたらす要因として、数量のみが取り上げられ、補給や、策源（後方基地）や、内線（策源と本国を結ぶ交通路）の原理…は理論的に考察されなかった。などなど。また軍事行動は、精神的な側面もあり、しかも「生きもの」としての側面ももっている。おまけに、不確実性の側面もある。

＊

では、軍事学の、科学的な理論をつくるのは不可能なのだろうか。やりようはある、とクラウゼヴィッツはのべる。

《効果が物質界に…現れるようなものは困難さの度合いが低く、…精神界に現れて意志を左右する…ものは困難さの度合いが高い…。それゆえ、戦闘の内部序列、準備および実施のための理論的法則を構成することは易しいが、実際戦闘の行使に関して法則を構成することは難しい。…理論的法則を構成することの困難さは、戦術においてよりも戦略においてのほうがはるかに著しい。》（174）

勝利の徴候

《戦術における手段とは、闘争を遂行すべき訓練された戦闘力のことである。…その目的とは、…勝利のことである。…敵が戦場から退却することをもって勝利の徴候としておく。》(177)

敵が、持ちこたえることができないで、戦場を離脱しようとするなら、それは味方の勝利のしるしだ、という。

*

《戦闘に常に伴い、…影響を及ぼす諸事情がある。これら…は、地勢、時刻、天候の三者がそうである。》(178) 当時、夜は戦闘ができなかったので、夕方までにその日の戦闘を終了する必要があった。そのため朝か昼過ぎから会戦を行ない、だいたいその日のうちに決着がついた。

《戦略にとって、勝利(戦術的成功)は…手段にすぎず、直接に講和をもたらすような状況を作り出すことが究極の目的になる。》(179) 勝利は目的ではない! このことの意味を、深く嚙みしめるべきである。

戦略について

『戦争論』第三部で、クラウゼヴィッツは戦略全般についてのべる。《戦略とは戦争という目的に沿って戦闘を運用する方策のことである。》(246)《戦略は全軍事行動に対して、その目的に適った目標を定めなければならない。つまり戦略は作戦計画を立案し、行動の手順をその立案に結びつけ、行動が目標を達成するように按配する。》(246)

戦略を立てるのは、戦術を立てるより、精神的な負担が大きい。《戦略上の重要な決定は、戦術上の決定よりも一層堅固な意志が必要とされる。》(249)《戦略においては、自己自身…そして他人の危惧や非難や考えが…後悔の念が、入り込む余地がはるかに多いし、…戦略においては…肉眼で物事をみることなく、一切を…憶測しなければならないのであるから、…大部分の将軍は行動すべきところで誤った危惧に捉われ、動きがとれなくなる。》(249f)

＊

《個々の戦役を、…幾多の戦闘の連結した鎖と考えることに慣れず、ある地理上の一地点の占領や無防備地方の所有をそれだけで意味のあるものだと考える結果、人はこれを即座に一つの勝利に数えることができると思いがちである。》(256)日本の軍人が、この箇所をきちんと学んだのか、知りたいものだ。

物質力と精神力

『戦争論』は、精神的要素が、戦争の勝敗にどのように影響するとのべているか。

《精神は戦争の全要素に浸透し、他の要素に先んじて一層緊密に、全戦力を動かし指導する意思と結びつき、いわば意思と一体化する。》(259) ここで《全要素》とは、戦力の大きさやその組み合わせ、武器、集中機動、山や川といった土地の影響、食糧供給などの兵站、などのことである。《物質的諸力の効果が精神的諸力の効果とまったく融合し、合金が化学操作によって分離されうるようには分離されえない。》(260)

物質力と精神力が分離できない。うっかり読むと、精神主義的な主張にみえる。しかしそのように読むことはできない。

＊

議論の前提は、ナポレオン戦争当時のヨーロッパ諸国の、軍事事情である。各国とも、兵器や装備(技術水準)は、ほぼ同じである。用兵(戦略、戦術)や訓練も、ほぼ同じである。さらに、数量(両軍の兵力)もほぼ同じであるとすれば、どのように勝敗がつくであろうか。

クラウゼヴィッツは、その場合にも、勝敗を分ける科学的説明（方程式のようなもの）を発見しようとして、苦しんでいる。それが、『戦争論』の行間から透けてみえる。だが彼は、もう答えを出していると思う。そうした場合、勝敗を「決定論」的に説明することはできないのであると。

これをスポーツに、譬えることができる。サッカーは、足だけを使うと、兵器や装備を揃えてある。用兵も訓練も、両チームともよく練習して、揃っている。数量も、一人一人と揃えてある。ならば、勝敗を予測できるだろうか。やってみなければ、わからないのではないか。ごくわずかな作戦の差、ごくわずかな精神力の差、ごくわずかな偶然が、勝敗を分けるのではないか。

実際に戦ってみないと、勝敗がわからない。人間には結果がわからず偶然だと思えることは、神の意思だと解釈できる。神の意思なら、それを受け入れなければならない。戦争には古来、このように、神意を尋ねる儀式としての側面があった。それを、方程式によって「決定論」的に（予測可能なかたちで）説明することはできないのである。

物質力と精神力が、分離不可能なかたちで結合しているとは、多くのスポーツでみられるこうした微妙な勝敗の分かれ目を、記述していると考えられよう。

精神主義なのか

日本陸軍は、軍事学の古典として、『戦争論』を学んだ。(森鷗外が自ら『大戰學理』として訳出している。)けれどもそれを、精神主義的に改変した。

その論理はこうだ。戦力は、物質力と精神力との総和である。わが国は、物質力において、劣っている。しかし、精神力において、勝っている。強い精神力(大和魂と必勝の信念)を持つならば、物質力の劣勢をはね返し、勝利を収めることができるはずだ――。

物質力と精神力は、別々のもので、物質力の不足を精神力で補うことができる、とのべている。これは、クラウゼヴィッツが考えた、科学的な議論と関係ない。彼は、物質力と精神力は「不可分に結合」しているとのべた。優れた兵器、圧倒的な数量をもつならば、その物質力にみあって、精神力も圧倒的である、とのべているのである。ナポレオン戦争の経験が裏打ちした、透徹した認識である。

軍隊の武徳

精神的諸力は、最高司令官の才能/軍隊の武徳(モラル)/軍隊の民族精神、に分けて考えることができる。

《最高司令官の才能は、丘陵に富む切断地で最高に発揮される。》(263)《軍隊の熟練や…勇気は、開けた平地で最高に発揮される。》(263)《軍隊の民族精神は、…山岳戦において最も強くその影響が現れる。》(263) 民族精神とはナショナリズムのことで、フランス軍はスペインのゲリラに手こずった。ゲリラは山岳地帯を根城に活動した。

*

では、軍隊の武徳とは、どうやって生まれるのか。《こうした精神は二つの源泉からしか生じえない…。第一の源泉は連戦連勝を重ねることであり、第二は軍隊が自らに最高の労苦を強いる活動を行なうことである。》(267) 連戦連勝は、勝利による弾みであり、わかりやすい。第二の「労苦」は、集団で苦難を乗り越えることによる連帯感で、モラルの基本となった。

数の優位

勝敗を決定する要因として、もっとも重要なのは、兵力(兵員の数)である。これは、陸戦の鉄則なので、頭に刻まなければならない。

《数の優位が戦闘の結果を左右する最も重要な要因である…。決定的瞬間にはできるだけ多数の軍隊を戦闘に集結させなければならない、という結論が生じる。》(278)数の優位が重要なら、決戦平面にできるだけ多くの兵力を集中すべきである。兵力の分散は避けなければならない。

では、どれだけの数の優位があれば足りるのか。

《二倍の兵力を持つ敵に対して勝利を

フリードリヒ大王

うるのはどんな才能のある最高司令官にも極めて難しい…。勝利をうるには…二倍を超え…ない著しい優位で十分である。》(279)

戦史をふり返ると、プロイセンの《フリードリヒ大王は…、二倍あるいはそれ以上の敵に打ち勝った近代における唯一の例である。》(279)ということは、二倍の兵力があれば勝てる、は例外のない通則と考えてよい。

＊

《戦略にとって、自分の兵力を集結させておくことほど、重大で単純な法則はない。》(294)《戦略的目的のために予定され待機している全兵力は、その目的に向かって同時

に使用されるべきであり、この使用は全軍が一行動一瞬間に凝縮されていればいるほど完全なものになる。》(303)

ゆえに、「戦略的予備軍」を置くのは、やめたほうがよい。予備軍は、あくまでも戦術的なものである。前線で戦闘するいくつかの部隊の後方に、戦術的予備軍を配置しておき、劣勢な部隊に増援として送り込む。予備軍が尽きて増援を送ることができなければ、前線が突破されて敗北する可能性が高くなる。

戦闘

『戦争論』第四部では、戦闘が論じられる。《戦闘は闘争であり、闘争の目的は敵の壊滅と征服である。》(329)《敵の征服とは何か。それは敵の戦闘力を壊滅することである。》(330)

敵と味方が激突し、互いに殺戮しあうこと。これが戦闘のなかみである。クラウゼヴィッツは、ナポレオン戦争以前の軍事学を批判し、《敵戦闘力の壊滅の必要が少なくなればなるほど兵学理論は…高級になると考えるような傾向》(331)があったとする。それは戦争のリアリズムにもとづいていない。

*

もう少し具体的にみていこう。

《敵戦闘力の壊滅とは、…味方の戦闘力以上に敵の戦闘力を弱体化すること》（335）。味方の人数が多い場合は、戦闘で同数の損害を受けたとすれば、味方に有利である、という。戦闘の最中、勝者と敗者の損害に、ふつうそれほどの差はない。《敗者にとっての致命的な損失は退却とともに初めて現れる損失…である。》（336）退却する敵を追いかけてさらに大きな損害を与える。大砲を獲得し、捕虜を捕らえる。追撃戦が、勝利を決定づけるのである。

《八千ないし一万の…師団は…数時間もちこたえられるし、敵が優勢でない場合には…たぶん半日持ちこたえ…る。八万ないし一〇万の軍隊はほぼ三倍ないし四倍の時間を稼ぐことができる。》（350）

主戦

クラウゼヴィッツは、主戦（決戦）についてのべる。

戦闘は、人数がものをいうのなら、敵も全兵力が集結し、味方も全兵力が集結して、戦闘を行なうことになる。これが、主戦だ。主戦で戦争の勝敗が決する、というのがクラウゼヴィッツの決戦主義である。

《主戦とは何か。主力の戦闘である。》(364)《主戦における戦闘放棄の決定は…残存する無疵の予備軍の割合から生じてくる。》(366)《敵の予備軍が圧倒的に優勢だとわかれば、最高司令官は…退却を決意する。》(369)

*

主戦で敗れた側は、パニックに襲われる。《国民や政府に対する効果…は、恐るべき拡張力をもった恐怖で…国民や政府は完全な麻痺状態に陥る。》(376)

《主戦は血腥い解決の道である。…血はつねにその代償であり、虐殺は…主戦の性格を適切に表現している。》(381)敵の戦闘力を解体するとは、要するに、大勢の兵士を殺害するということなのだ。

《主戦に敗北を喫すれば…第二の会戦は完全な潰走、恐らくは全滅をもたらす》(401)。

歩兵・騎兵・砲兵

『戦争論』第五部は、戦闘力について論ずる。

《砲兵は…火砲による殲滅原理によってのみ効果がある…、騎兵は個人的戦闘によってのみ効果があり、…歩兵はその両者をかね備えている。》(421)ゆえに歩兵が、兵種としてもっとも優れており、戦闘力の中心となる。

砲兵はもっとも運動性に乏しい。騎兵はもっとも機動性に富む。一五〇騎の騎兵中隊、八〇〇人の歩兵大隊、六ポンド砲八門の砲兵中隊は、装備費、維持費ともだいたい同額である。

＊

《戦闘序列とは、各兵種を分割し、編成し、それを全体の各部分として統括することであ…る。》(435)《兵員八千から一万の…師団が、戦端を開いてから勝敗が決するまで数時間、…多くて半日ほどかかる…。》(454)《軍隊が行進している時は、強力な兵団が…前衛をなし、…退却する時には…後衛となる。》(457) 後衛が効果的に反撃すれば、追撃をかわすことができるのである。

野営

《野営とは、…宿営以外のすべての状態をいう。》(475)

ナポレオンの改革のひとつは、テントで野営するのをやめ、歩兵は毛布を背負って行軍することにしたことだ。食糧も現地調達とした。そのため、身軽になって、行軍のスピードが速くなった(およそ、一日に二〇㎞ほど)。

問題点は、兵士の消耗がひどくなり、現地を荒廃させたことだ。《フランス革命の

指導者たちは…すべて徴発、窃盗、掠奪によって手に入れ、もって全軍を給養し、勇気づけ、叱咤したのであった。》(517)

＊

《馬糧徴発は市町村当局を経由してなされるべきであって、…直接民衆から徴発してはならない。》(519) もちろんその代金を、支払う。占領地の民生や、住民感情を考えるなら、当然の配慮である。

防御

『戦争論』第六部は、防御について論ずる。

防御について驚くべきなのは(よく考えてみれば当たり前なのだが)、防御は攻撃よりも、有利で強力だということである。

＊

《防御とは…敵の襲撃に抵抗することである。》(5)《防御の目的とは…現状を保持することである。》(6)《戦争遂行上、防御的態勢はそれ自体としては攻撃的態勢より強力である。》(7)

《防御者は…陣地の力によって、比較的少数の兵力をもって多数の敵兵を殲滅することができる。》(67)防御する側は、地の利を生かして、遮蔽物や塹壕を利用することができるので、攻撃する側よりも有利である。ゆえに、攻撃する側は、圧倒的に有利な兵力をもって大きな犠牲を覚悟しなければ、防御する側を打ち負かすことはできない。

要塞

要塞はかつて、戦略的に大きな意味をもっていた。しかし《大常備軍が…砲兵隊を伴って立ち現れ…るや、…要塞の数は必然的に著しく減少》(73)した。大砲によって、要塞施設を容易に破壊できるからである。

要塞を設けておくべきなのは、敵国からまっすぐ自国の心臓部に通じる道路である。

*

山岳地帯は、防御が容易であり、小兵力で守るに適している。

《大小河川は、山岳の場合と同じく戦略的バリケードの一種に属する。》(145)

民衆の蜂起

《国民兵や武装した民衆群は、敵の主力に対してはもちろん、その大支隊に対してさえ使用されるべきではない。》(230)市民は正規軍に立ち向かうべきではない。すぐに壊滅させられ、犠牲が大きすぎるからである。当面、敵の侵攻がない地方都市で蜂起するのがせいぜいだ。

攻撃

『戦争論』の第七部は攻撃を、第八部は作戦計画を、論ずる。ただし、第六部までに比べてもさらに未完成な草稿となっている。

*

攻撃側が《前進すればするほど、この戦略的側面(交通線が長く、その掩護(えんご)が弱体である)は延長され、そこから生ずる危険は加速度的に増加してくる。》(380)

《兵力の優勢は目的ではなく手段に…すぎない…。目的は、敵を打ち倒すか、…敵国の一部を占領するかして、たとえ戦闘力の直接的状態は有利にならないにせよ、ともかく戦争全般や講和締結のために有利な条件を作り出すことになる。》(383)

*

《戦争によって何を達成し、…何を獲得するか…。前者が目的…、後者が目標と呼ばれる。》(394)

《フランス革命…の後、粗暴なボナパルトが出るに及んで、戦争はその概念を絶対完全に具現するものとなった。彼のもとにあって戦争は敵が降伏するまで間断なく前進し、反撃も同様に間断なく行なわれるようになった。》(396)《国民が戦争に参加するようになるとともに、内閣や軍隊に代わって、全国民が勝敗の帰趨を決定するものとなった。用いられる手段…にはいかなる限界もなく、…危険は…無限大…となった。》(414)

＊

《攻撃戦争は本質的に疾風迅雷の決戦たるべきだ。》(420)《攻撃戦争においてはいかなる中断、いかなる休息、いかなる停頓(ていとん)も不条理なもので、それが避けられない場合でさえ…必要悪とされなければならない。》(426)

《大勝利が戦い取られたなら、…必要なのはただ、追撃、必要なら新たな衝突、敵の首都の占領、敵の援軍…に対する攻撃、これだけである。》(467)

＊

クラウゼヴィッツが夢に描いたのは、陸軍を近代化し、ドイツの統一をなしとげるプロイセンの未来だった。『戦争論』を貫くのは、戦争を科学的に解明する、物理学のような合理精神だ。陸軍の近代化は、組織の合理化であり、同時に、兵器や装備の近代化である。この流れは、とどめようがない。そしてプロイセンだけでなく、どの国も、戦争マシンと化していく。

『戦争論』は、近代国家が、工業力のすべてを傾けた軍事力で激突する、第一次世界大戦を予告する書物でもあったのだ。

第七章　マハンの海戦論

アルフレッド・セイヤー・マハン

マハンの海戦論

クラウゼヴィッツの『戦争論』が陸軍の古典だとすれば、海軍に、それに匹敵する古典はあるだろうか。

ある。それが、マハンの『海上権力史論』(一八九〇)である。

マハンは、アメリカ海軍の軍人であり、海軍戦史を研究した歴史家でもある。

この章では、マハンの議論をもとに、海上の戦争論を考えよう。

陸と海の違い

陸軍と海軍。どちらも軍隊だが、違いもある。

まず、動員の有無。

陸軍には、「動員」という手順がある。陸軍が戦闘態勢に入るには、通常の態勢にある軍隊(各地にいる師団や連隊)を、戦闘序列に再編する。総司令官も決める。人びとを兵営に出頭させ、隊列を編制して、戦地に移動する。

このプロセスの全体が、動員で、戦闘態勢が整うまで、ふつう数週間はかかる。

動員をかけるのは、戦争準備と同じで、隣国はこれに対抗して戦争を開始してもおかしくない。

＊

動員をかけることによって、陸軍の兵力は、通常よりも増加させることができる。予備役*を動員する。新たに徴兵を行なう。指揮官、将校、下士官は、急に養成するわけには行かないが、兵士は新たに募集しても、数カ月の訓練で、前線に配置することができる。

実際には、平時に順番に、数カ月か一年の兵役を課しておき、そのあと予備役に登録しておいて、いざという場合に徴集して、あっという間に兵力を数倍に膨らませる、というやり方が合理的である。

＊

海軍はこれができない。

海軍は、人びとが軍艦に乗って戦闘する。軍艦は、急に建造することができない。当面は、現有戦力で戦うしかない。また、乗組員はそれぞれの部署について、勤務している。機関室の勤務と、無線室の勤務と、砲塔の勤務と、航海士の勤務とは、それぞれ専門化していて、まったく内容が異なる。新たに募集した乗組員が、すぐ行なえるようなものではない。

艦隊は、乗組員が乗り込んで出航すると、戦闘態勢に入ったことになる。出航するところは、訓練と実戦と、外見から見分けがつかない。ゆえに海軍には、「動員」という考え方がないのである。

補給

陸軍では、主に陸路で戦略物資を、部隊に補給する必要がある。武器弾薬、食糧、補給物資、増派の兵員、などである。これを、兵站（ロジスティクス）という。

海軍では、大部分の補給物資を、軍艦に載せて出航する。艦隊は航海しながら、補給物資を運んでいることになる。

艦隊への追加の補給は、途中の港で行なう。水、食料品、燃料、など。武器弾薬は、軍艦ごとに規格が違うので、途中で補給することはあまりない。必要な修繕も港で行なう。

＊予備役　現役の軍人ではないが、軍務についた経験があって、有事には軍に戻ることが予定されている人びと。

編制

陸軍では、師団より大きな単位は軍団である。それらを束ねた、戦闘序列を編制し、最高司令官がそれを率いる。

師団は、歩兵、砲兵、騎兵、工兵、衛生兵など、異なる兵種の兵士が合わさっているのが通常である。それらがまとまって、戦場で行動する。

海軍では、いくつかの艦種を組み合わせた軍艦が、船隊を編制し、それを束ねた艦隊を最高司令官が率いる。

海軍では、戦闘の主力は戦艦である。ほかの艦種の軍艦は、補助艦艇として周辺に位置し、戦艦が戦闘序列を編制するのが通常である。戦艦も、運動性能（速度）で劣るものがあると、戦列艦（艦隊の中心となる戦艦。野球で言えば、一軍）から外れ、第二列を編制する場合がある。

戦列艦を構成する戦艦は、一列に並んで航行し、その先頭に旗艦が位置する。それぞれの戦艦には艦長が乗っている。旗艦には艦長のほかに、艦隊の司令長官が乗船する。

戦闘態勢に入ると、艦隊は、旗艦を先頭に、一列に敵艦隊に向かって進んで行き、隊列を保ったまま、砲火を交える。平行してすれ違ったあと反転して、再度砲火を交えるとか、敵艦隊の進路を横切るように方向を変えるとか、いろいろな戦術がある。

艦隊の運動を指揮するのは、旗艦の役目である。旗艦が機能を失うと艦隊は秩序だった動きがとれなくなる。ゆえに旗艦は、敵艦隊の集中砲火を浴びやすい。

艦種

海軍の軍艦の種類について、まとめて整理しておく。

海軍に所属し、戦闘を目的とする艦船を、軍艦という。

軍艦の種類が、艦種である。

第一に、戦艦。戦艦は、あらゆる艦種のなかでもっとも攻撃力の大きい大砲を搭載している。相手の砲弾を防ぐため、船体も頑丈にできている。敵国の戦艦と撃ち合って、艦隊決戦で雌雄を決する。

第二に、巡洋艦。戦艦より劣る砲力を有し、かわりに戦艦より速い。相手国の商船や補助艦艇を攻撃し、通商破壊を行なうことを任務とする。

のちに、戦艦に近い戦力をもった重巡洋艦、そこまでではない軽巡洋艦、の区別ができた。

第三に、水雷艇。小型の艦艇で、高速で航行し、戦艦そのほかの大型艦艇を魚雷で攻撃する。

第四に、潜水艦。単独で行動し、相手国の艦隊を魚雷で攻撃したり、通商破壊活動を行なったりする。

第五に、駆逐艦。航続距離が長く、速度も速く、戦艦をはじめとする外洋艦隊に随伴して、水雷艇や潜水艦の攻撃から守る。

ここまでは、先に簡単にのべた。

第六に、もっとも新しい艦種として、航空母艦。飛行機を搭載し、航空戦力によって相手国の艦隊や、軍事目標を攻撃する。

*

やがて、戦艦が戦列艦として、艦隊決戦をする古典的なやり方から、航空母艦を中心とする海上決戦に、力点が移った。

第二次世界大戦では、航空母艦を中心に、戦艦や、巡洋艦、駆逐艦などの補助艦艇が一団となって船隊を組む機動部隊が編制されるようになった。

*

わが国の海上自衛隊に、護衛艦という艦種がある。駆逐艦のことである。

ただし、最近は、イージス艦やヘリコプター空母のような、どうみても巡洋艦や航空母艦としか思えないものまで、護衛艦に分類されている。攻撃力のある外洋艦隊を持たないという、政策上の縛りがあるので、名前を言い換えてごまかしているのである。

ヘリコプター搭載護衛艦「いずも」

マハンの生涯

アルフレッド・セイヤー・マハンは、一八四〇年の生まれ。アメリカ海軍士官学校を卒業ののち、南北戦争に参加した。その経験をもとに、戦史研究をも手がける。海軍大学学長を、二度にわたって務めている。アメリカ歴史学会会長も務めている。

著書に、『海上権力史論』(一八九〇)、『海軍戦略』(一九一一)など。

＊

マハンの名は、日本にも広く知られていた。『海上権力史論』は明治二九年に、水交社から翻訳出版されている。日露戦争・日本海海戦を指揮した東郷平八郎聯合(れんごう)艦隊

モムゼン

秋山真之

東郷平八郎

司令長官の先任参謀だった秋山真之（さねゆき）中佐（当時）は、大尉の時代にアメリカに留学しマハンに師事している。秋山参謀については、司馬遼太郎『坂の上の雲』を参照のこと。

『海上権力史論』

マハンは、モムゼン*『ローマ史』を読んで、第二次ポエニ戦役*によるローマの勝利のカギが、制海権の確保にあったことを発見、『海上権力史論』を着想した。

マハンは、《歴史家は…、海上力（maritime strength）が…決定的な影響を及ぼすことを看過してきた》（1）とする。《海上の支配権は勝者側にあった。…ハンニバルは、ローマが海上を支配していたためにゴール経由のあの長い危険な行軍をしなければならなかった。その間に彼は老練な兵士たちの半数を失ってしまった。いっぽう老スキピオは、この海上支配により、麾下（きか）の軍隊をローヌ河畔からスペインへ送ってハンニバルの後方補給線を遮断させ、自ら

は帰国してトレビア河畔において侵略者を迎え討つことができた。》(2f)

*

ヨーロッパ諸国は強力な陸軍を武器に、覇を争ってきた。強力な海軍を兼ね備えていたのは、スペイン、フランス、オランダである。これに対してイギリスは、陸攻されるおそれが少ないので、海軍に集中することができた。

これらの国々のなかで、結局、覇権を握ったのはイギリスであった。

アメリカは地政学的に、ヨーロッパから遠く離れ、海に囲まれ、イギリス以上に陸攻の心配がない。海で世界とつながっているので、強力な海軍を建設する必然がある。建国まもないアメリカは、どのように国防方針を固めるべきだろうか。マハンは、海軍を代表して、海上権力の重要性を訴える役割を担っていた。

*モムゼン　ドイツの歴史家(一八一七－一九〇三)。『ローマ史』などの著書。一九〇二年にノーベル文学賞を受賞。

*第二次ポエニ戦役　紀元前二一八～二〇一年にわたる戦い。カルタゴの将軍ハンニバルは宿敵ローマを滅ぼすべく、スペインからアルプスを越えてイタリア半島に侵入。カンネーの戦いで数でまさるローマ軍を包囲殲滅するなど戦果を収めたが、次第に劣勢となり、最後はローマに屈した。

蒸気船・帆船・ガレー船

『海上権力史論』は、世界の海戦の歴史をふり返る。

マハンがこれを執筆した当時、海軍の艦船はすでに蒸気船が一般的だった。だが、蒸気船の艦隊が海上決戦を行なった例は、まだほとんどなかった。日本とロシアが戦った日本海海戦が、蒸気船同士の海戦の、大規模な最初のものと言ってもよいほどである。

そこでマハンは、帆船の時代の海戦を、主たる事例としている。

アメリカの戦列艦ペンシルベニア号（1837年進水）

*

帆船時代の海戦は、現代の海軍に教訓となるのか。

教訓になる、とマハンは言う。ただし、そこから、今日にも通じる一般的法則を取り出さなければならない。

軍艦は、その動力から、ガレー船→帆船→蒸気船、の時代を経てきた。

ガレー船は、帆船であるが、漕ぎ手がオールを漕いで前進することができた。帆船は、風を動力とし、風上に航行するのは困難である。蒸気船は、石炭を燃料とし蒸気

表　ガレー船、帆船、蒸気船の特徴

	風向きに影響されない	戦闘に集中できる	武器の射程が長い
ガレー船	○	×	×
帆　船	×	○	○
蒸気船	○	○	○

機関を動力とする。

ガレー船、帆船、蒸気船の特徴をまとめると、上の表のようである。

ガレー船は、接近戦のための武装しかしておらず、白兵戦を戦う。漕ぎ手がすぐ疲れてしまうので、互いに突進する以外にない。

帆船は、運動のために、乗組員の労力をあまり使わなくてよい。離れて戦う武器ももっている。これらの点は、蒸気船に似ている。そこで、帆船の時代の戦闘から、今日に通じる教訓をひき出すことができるのである。

艦隊の運動

海軍の軍艦は、どういう作戦に従えばいいのか。

無秩序の乱闘よりましな結果をえようと思えば、艦隊は、秩序をもって運動しなければならない。《数的に同数の艦隊間の乱闘（そこでは、戦術的な技量を発揮しうる余地は…低くなる）は、…最善の策ではない。…偶然が最高の力をふるい、…艦隊は…諸艦の寄せ集めと同等の条件下に置かれる…。》（9）

帆船は、風向きに左右される。風上側にいるか風下側にいるかで、艦隊の運動の制約が異なってくる。

＊

《風上側の顕著な特徴は、それが意のままに戦闘を仕掛け又は拒否する力を与える点にある。…攻撃方法を選ぶにあたり、常に攻勢的態度をとりうる利点がある。》（12）しかし不利な点としては、《隊列が不規則になり、掃射や縦射にさらされたり、攻撃側の砲火の一部ないし全部を犠牲にする等である。》（12）《いっぽう風下側にある艦または艦隊は…後退したくなければ、守勢に立って敵の選んだ条件の下で戦わざるをえなかった。しかしこの不利点は、戦闘序列を乱されることなく維持することが比較的容易であることや、敵が一時対応することのできないような射撃を持続することによって償われた。》（12）

ゆえに、風上、風下のどちらが有利とはいちがいに言えない。イギリス海軍は風上を好み、フランス海軍は風下を好んだ。

帆船は大砲を、舷側に並べていたから、前進すると、進行方向に待ち構えている敵艦隊に射撃を加えることができなかった。風上／風下を、相手艦隊よりスピードが速い／遅いと読み替えると、蒸気船の場合を類推することができる。

海上戦闘には原則がある

マハンは、先例を原則と取り違えないように、注意をうながす。

帆船時代の先例を研究することは大事だが、先例は間違っていることがあるから、注意しなければならない。《先例は、原則（プリンシプル）とは別であり、また原則ほど有益ではない。…原則はものごとの本質にもとづいている。条件の変化に伴ってその適用がいかに変わろうとも、…原則が、従わなければならない基準であることには変わりない。》(15)

＊

ではその原則を、どのように取り出すことができるか。

《歴史の教訓が…不変の価値をもつのは、戦争の全戦域を包括するより広い作戦…の場合である。…両艦隊が接触（接触ということばは、…戦術と戦略を区分する線を示している）する前に、全戦域を通じる作戦の全計画について、決定しておかなければならない多くの問題がある。》(15 f) それらの問題とは、

・戦争で、海軍はどういう機能を果たすべきか
・海軍は、なにを目標とするか
・海軍兵力を、どこ（とどこ）に集中するか
・石炭や補給物資をどこに集積するか
・その集積地と本国との輸送線をどう確保するか
・通商破壊戦をどこまで本気でやるか
・通商破壊戦を、巡洋艦でやるか、要衝確保でやるか
これらはどれも戦略的な問題なので、変化しにくい。

＊

いっぽう、戦術のほうは、技術の変化につれて変化していくので、過去の教訓を活かすのはむずかしい。《過去の戦闘は、それがどの程度戦争の原則に従って戦われたかによって成功又は失敗している。…戦術の変化は武器が変化した後に…変化の間隔が不当に長かった…。戦術を変更するためには保守的な階層の惰性に打ち勝たなければならない…。》(18)

制海権

陸と海の違いは、海が広いことである。また、どこを通ってもよく、住民がいないため発見される可能性も少ない。陸上では、交通線を遮断することはできるが、海上ではそうはいかない。

そこで、制海権とは、名前は勇ましいが、水もれのするバケツのような、ごく限定的な概念になる。

《制海 (control of the sea) とは、敵の単独行動の艦船も小さな船隊もひそかに港から脱出することができないとか、…大洋上の航路を横切ることができないとか、長い海岸線上の無防備の地点に対して敵を悩ますような襲撃を加えることができないとか、封鎖された港湾に入ることができないということを意味するものではない。…弱者の側も、いかに海軍力が劣勢であってもある程度は可能である…。》(24)

ある海域を、いっぽうの国の海軍が支配下においていて、相手国の艦隊や商船隊は、壊滅させられる覚悟なしには、その海域を航行できない、という状態だと理解できよう。

シーレーン防衛

戦時には、商船の保護を、武装船が行なわなければならない。海軍の存在理由は、商船を保護することである、とマハンは言う。

《狭義の海軍は、商船が存在してはじめてその必要が生じ、商船の消滅とともに海軍も消滅する。》(43)

マハンのいう海上権力(シーパワー)とは、武力で海洋を支配する海上の軍事力だけでなく、平和な通商や海運も含んでいる。

＊

海上権力に集中できる国と、そうでない国がある。

《イギリスは、フランス及びオランダ…よりは海洋国としてはるかに有利であった。…フランス…は大西洋のみならず地中海にも接している。これは海上における軍事的弱みの因となっている。…合衆国は大西洋および太平洋…に臨んでいるが、…大きな弱点の根源となるか又は莫大な出費の原因となるだろう。》(47 f)

フランスやアメリカ合衆国のように、二つの海に面している国は、艦隊を二つに分けるので、集結が面倒であったり、艦隊の維持に費用がかかったりする。バルチック艦隊と東洋艦隊を擁するロシアも、同じ困難を抱えていた。

日本はイギリスと同じ利点に恵まれており、陸軍ではなく海軍を重視し、安全保障をはかれるはずだった。しかし、朝鮮半島や満洲に勢力範囲を拡大したため、その利点を帳消しにしてしまった。

海軍に好適な自然条件

当然のことだが、海に面していなければならない。海岸線が長く、港湾があることが大切である。《長い海岸線はもってはいるが、全く港湾を持たない国…は、自分自身の海上貿易も、海運も、海軍ももつことはできない。》(55)

《水深の深い港湾が多数あることは力と富の源泉であり、もしそれらが航行可能な河川の河口にあればなおさらそうである。…それらの港湾は…適当に防衛されていなければ、戦争の場合弱点の因になる。》(55)

オランダが通商国家として繁栄しながら、一六五三年から翌年にかけての戦争で海運が止まり経済が破綻したのは、《自国に必要な資源をすべて外国に依存している国の弱点を示すものである。》(58)

＊

住民の数と、質。海上での仕事に従事できる者、とくに艦隊に勤務したり海軍資材を建造したりする者の人数が十分なことが、海上権力にとって大事である。

戦争になると、どの国も、すぐさま艦隊の全力をあげ、敵国の艦隊に打撃を与えることを試みる。《もしも艦隊が屈服すれば、爾余の組織がいかにしっかりしていても…なんの役にも立たないであろう…。…負けたほうがその戦争のために海軍を再建しうる望みは…少ない…。》(69)

封鎖と防御

海軍の軍事力によって、相手国の交通線を海上で遮断することを、封鎖という。

《封鎖を避けるためには、封鎖艦隊を常時危険に陥れてどうしてもその持ち場を維持…できないようにさせる洋上の海軍兵力がなければならない。そうすれば中立国の船舶は、戦時禁制品を搭載していない限り自由に出入りすることができ、自国と外部世界との通商関係を維持することができる。》(121)

*

《戦争の場合の「防御」(defence)という言葉には、二つの考え方が含まれている。…自らを強力にして敵の攻撃を待ち受ける…考え方…を受動的防御(passive defence)と呼んでよい…。いっぽう自分自身の安全、すなわち防御的準備の目的を

達成する最善の方法は敵を攻撃することであるとするディフェンスの見方がある。》(122f)

《海岸防御の場合、前者の方法は、固定的な要塞施設、水中機雷、…すべての動かない施設がそれである。第二の方法は、…出かけて行って敵の艦船と戦うあらゆる手段と武器を包含する…。このようなディフェンスは本当の攻勢的(offensive)な戦争のように見えるかもしれないが、そうではない。その目標が敵の艦隊から敵の領土に変更された場合にのみ攻勢的なものになるのである。》(123)

《受動的な防御は陸軍に属するが、海上において動くものはすべて海軍に属する。海軍は攻勢的防御の特権を有する。》(123)

マハンのこの定義と分析に従えば、日本の真珠湾攻撃は、攻勢的防御の一例にほかならない。もしもアメリカとの間でこの点について論争になるならば、『海上権力史論』のこの箇所を引用することを忘れてはならない。

イギリスの対オランダ戦争

マハンは、「四日海戦*」(一六六六)ほかのイギリスとオランダとの戦争について、考察を加える。

『四日海戦』エイブラハム・ストーク画

《指揮官は…麾下の兵力を二分して両方の敵に対処しようとする非常に強い衝動にかられる…。しかし、圧倒的な兵力を擁する以外はそれは誤りである。》(148)

《イギリスの一個船隊が西海岸のオランダ交易所数カ所を制圧した後、ニューアムステルダム（現在のニューヨーク）に行ってそこを占領した。これらはすべて一六六五年二月の正式の宣戦布告以前に行なわれた。》(145)

《イギリスは…三月二十三日に宣戦の布告なしにオランダの商船隊を攻撃し、二十九日に宣戦を布告した。》(156)

国際法は、覇権国の行動によってルール化される。イギリスが宣戦布告なしに戦闘行為を行なったことは、記憶されてよい。

通商破壊作戦

巡洋艦が数隻あれば通商破壊作戦ができるかというと、そうではない。フランス海軍のケースがあるのだが、マハンはこう分析する。

《巡洋艦による通商破壊が最もひどかった…理由は二つある。ひとつは、…連合艦隊が…フランスの巡洋艦の活動を阻止せず放任していたこと。第二はフランスは、その夏艦隊を再び出撃させることができなかったので、海軍軍人が私掠船で勤めることを許し、…私掠船の数が著しく増大したことである。…フランスの大艦隊が消え去っていくに伴い、フランスの巡洋艦はますます制圧されていった。》(193)

一般的結論として、マハンはこうのべる。《洋上での通商破壊活動が効果的であるためには、船隊の作戦により、また戦列艦からなる部隊により支持されなければならない。それによって敵はその部隊を集中しておかざるをえなくされ、味方の巡洋艦は敵の貿易に対してうまく攻撃をしかけることができる。このような支援がなければ、

＊四日海戦　一六六六年六月、オランダのデ・ロイテル提督の率いるオランダ艦隊が、モンク提督のイギリス艦隊とイングランド海岸で四日間にわたって激しく戦った海戦。オランダが勝利し、英仏海峡の制海権を握った。第二次英蘭戦争の一部。

…巡洋艦が敵に捕らえられるだけである。》(193)

*

潜水艦が現れてからは、通商破壊作戦は潜水艦の任務になった。

Uボート*は、イギリスに向かう輸送船を撃沈したが、物資の流れをストップすることはできなかった。

インドネシアから日本へ石油を運ぶ輸送船隊は、アメリカ潜水艦の標的となり、三年間で大部分が海底に沈んだ。日本の戦争遂行能力を奪うのに、大きな成果をあげた。日本海軍は、この海上ルートを防衛するための、効果的な行動をとらなかった。

Uボート(U9)

戦列

軍艦が列をなして進む戦闘態勢を、戦列という。

戦列を乱す行為は、軍法会議で有罪とされる。ツーロン沖の海戦(一七四四)で、《司令長官及び次席指揮官ならびに二十九名の艦長中十一名が告発された。司令長官は戦列を破ったために免職になった。すなわち、敵と交戦するために戦列を離れた際、艦長たちが彼のあとについてこなかったためである。…十一名の艦長のうち一名は死亡

し、一名は逃亡し、七名は免職又は休職になった。わずかに二名だけが無罪になった。》(209)

＊

一七四七年の英仏の海戦からは、つぎの教訓がえられる。《敵が兵力的に大いに劣勢であって、算を乱して逃走を余儀なくされるときは、通常戦列に対して払うべき考慮を幾分かは捨てて、総追撃を命ずべきである。》(210)《ただ必要だったことは一つ、敵に追いつくことであった。…最も速力の速い艦又は最もよい位置を占めている艦を真っ先に行かせ、最も速い追跡艦のスピードを最も遅い被追跡艦のスピードよりも速くし、その結果敵をして最も遅い艦を放棄するかそれとも全部隊を窮地に陥れるかのいずれかに確実に追い込むことによって…達成される。》(210)陸上戦闘の追撃戦と同じようなことが、海上戦闘の追撃についても成立する。

＊Uボート　ドイツ海軍の潜水艦。

島々の防衛

陸地の防衛は、海軍の任務なのか。

《もし海軍戦争の真の目的が、陸上の…拠点の確保にあるとすれば、海軍は…陸軍の一支隊となり、陸軍に従属して行動することになる。しかしもし真の目的が敵の海軍に優越し、そうして海洋を制することにあるとすれば、敵の艦艇および艦隊があらゆる場合に攻撃すべき真の目標になる。》(218)

＊

島々は、軍事的にどういう価値があるか。

《西インド諸島…は戦争においては二重の価値をもっていた。一つは、海洋を支配している国に軍事拠点を提供することである。他は、自国の資源を増すか又は敵の資源を減ずるものとしての商業上の価値である。…島々自身は敵の富を満載している船又は船団とみなすことができる。》(202)

《小アンティール諸島が領土として…いかに望ましかったにしても、その軍事的保有は制海にかかっていた…。したがってフランス政府は海軍の指揮官たちに対し、攻撃可能な島を勝手に占領することを禁じた。…西インド諸島における情勢の鍵は艦隊にあり、艦隊こそ軍事的努力の真の目標になった。》(289)

制海権なしに、島を占領することは、負担となるだけである。《西インド諸島では、…劣勢になれば…小さな島々から守備隊を撤退する必要があった。》(270)

大東亜戦争で日本は太平洋の島々を占領したが、戦略的に意味不明で、多くは無意味であった。アメリカ軍は反攻にあたって、日本の大都市の戦略爆撃→硫黄島上陸作戦と飛行場建設→硫黄島の制空権確保→近隣の島の確保と飛行場建設→…と逆算して、日本の占領した島々を飛び飛びに奪い返した。島々の戦略的意義を、飛行場を建設して制空権を確保する、と明確にしたのである。

いつ戦闘するか

七年戦争*では、イギリス海軍のビング提督が、《フランス艦隊を打ち破るか、又はマホンの守備隊を救援するかのいずれかのために最善を尽くさなかったのは有罪であるとし、…彼は銃殺に処せられた。》(219) 適切に戦端を開かなかった指揮官は、軍法会議で有罪とされる。

---

*七年戦争　プロイセン、イギリスと、オーストリア、ロシア、フランスのあいだで戦われた（一七五六〜一七六三年）。

グレナダの海戦*（一七七九）は、フランスのダスタン提督とイギリスのバイロン艦隊との戦いだった。《ダスタンは二十五隻…。一方風上側にあったバイロンは、…十八隻。…行動不能の三隻の艦に配慮しなければならず戦術的に困ってい…た。…フランス提督のとりうる行動方針には…三つがあった。（1）そのまま前方に進出してバイロンと船団のあいだに占位する。（2）全艦隊をもって英戦列に立ち向かい全面戦闘を実施する、（3）変針して敵の三隻の損傷艦を中断し、…なるべく敵の砲火にさらされないようにして全面戦闘を行なう…。しかし彼はそのいずれをも実施しなかった。》（252）

マルチニック島沖の戦闘では、《イギリス艦隊はわずか十八隻…、フランス艦隊は二十四隻…、しかも風上側にあった。デ・グラスは四対三の優勢で攻撃するだけの力をもっていたのであるが、…攻撃しようとしなかった。自分の船団を敵の攻撃にさらすことを恐れて、重大な交戦の機会を逸したのである。もしこれが戦うべきときでないとすれば、海軍はいかなるときに戦うべきなのか。》（262）

目的と目標

《いかなる目的の…戦争においても、その欲する場所を直接攻撃することは、…それを獲得する最善の方法でないかもしれない。したがって、軍事作戦が指向される目的物は交戦国の政府が獲得しようと思っている目的(object)以外のもの…かもしれない。それには目標(objective)という…名前がつけられている。》(280)

＊

敵の艦隊が目標であるとしても、それを捕捉するのは容易でない。《陸軍部隊は…行動の跡を残す。…艦隊は…甲板からの投棄物があって通ったことはわかるが、どちらへ行ったかについてはなにもわからない。》(301)《したがって敵国の出口を監視し、相手が…逃げ込む前にこれを捕らえるのが重要であることは一目瞭然…。このような監視ができないのであれば、次善の策は…航路を監視することなどは考えないで、まず敵の目的地へ行って敵を待つことである。それは敵の意図を知っていることが前提…。敵の意図は必ずしも知りうるとは限らない。》(301)

敵の艦隊が二つ以上に分かれている場合、合同を阻止することが最も重要である。港の沖合でこれを阻止することが一番確実である。

＊グレナダの海戦　一七七九年、アメリカ独立戦争のさなか、西インド諸島グレナダ沖で、イギリス海軍とフランス海軍のあいだで戦われた海戦。フランスは勝利したが、追撃しなかった。

マハンは大艦巨砲主義か

敵艦隊を目標とするマハンの海上権力理論は、艦隊決戦論を、そして大艦巨砲主義を帰結するのだろうか。

マハンは、味方の艦隊を分散すべきでない、敵の艦隊の合流を阻止すべきである、とのべている。これは、艦隊決戦の勝敗は、兵力の優劣（艦隊の隻数）に依存する、と考えているからである。

＊

ここまでは正しいが、ここからいつの間にか、「二乗の法則」が信じられるようになった。「二乗の法則」とは、艦隊の戦力は、隻数の二乗に比例する、というものである。たとえば、隻数の比率が五対三の場合、戦力の比は五対三ではなく、その二乗である、二五対九になる、とするもの。根拠はあいまいであるが、戦前の日本で広く信じられるようになった。

第一次世界大戦後のワシントン海軍軍縮条約（一九二二）では、戦艦など主力艦の比率が、英・米・日で五対五対三に定められ、ロンドン軍縮条約では、巡洋艦など補助艦艇の比率が、米・日で一〇対六・九七五に定められた。いずれも国内で強い反対の声が起こったのは、「二乗の法則」が一人歩きしていたせいもある。

＊

大艦巨砲主義は、この議論と別に、アウトレンジ戦法が関係する。戦艦の主砲は、巨大であるほど破壊力があり、射程も長い。相手の戦艦の主砲よりも射程が長ければ、その射程外から攻撃することができる。これを、アウトレンジという。こうした戦艦を擁する艦隊が、勝利することになる。

マハンはこれを、技術的な、すなわち戦術的な問題とみて、戦略的な問題とは考えなかった。各国は、アウトレンジを狙って戦艦を建造するが、結局、ほぼ同等な艦隊を擁することになる、と前提して戦略論を組み立てた。正しい科学的な態度と言うべきである。

日本が大艦巨砲にこだわり、戦略ぬきに大和、武蔵を建造したころ、航空母艦が海上戦力の中心になっていた。マハンの議論をよくわかっていなかった、と言うべきである。

日本海海戦

マハンが『海上権力史論』を書いたあと、日露戦争が起こった。彼は日本海海戦を、どのように考察しただろうか。『海軍戦略』（一九一一）は二章を割いて、日露戦争について分析している。

マハンは言う、日本の勝因は、ロシア艦隊が海戦の原則を守らず不適切な行動をとったのに対し、原則どおりに行動したことである。日本は、戦略の要点をよく理解していた、と。

＊

日本軍は、満洲方面で、ロシア軍と決戦する覚悟であった（奉天会戦）。そのため、兵員や物資を朝鮮半島に輸送しなければならない。日本と朝鮮半島との輸送線を確保することが、戦略上、どうしても必要であった。逆に言うなら、ロシアは、すぐにも日本艦隊と決戦し、制海権を確保して、この輸送線を断ち切ることを目標にすべきだった。

ロシアは、このことをよくわかっていなかった。

ロシアには、要塞艦隊と、牽制艦隊と、二つの考え方があった。要塞艦隊は、要塞の掩護を目的とする艦隊。よって、旅順とウラジオストックに、それぞれ艦隊が貼りついて分散していた。牽制艦隊は、その海域での作戦能力をもつことで、敵国の輸送船団を港に釘づけにする機能をもつ艦隊。要塞はその艦隊の、補給基地にすぎない。

この場合、艦隊は日本の艦隊と決戦を辞さず、合流して行動する必要がある。実際にはロシア艦隊は、どちらの考え方なのか、中途半端であった。そして日本の輸送船団は、牽制されるどころか、危険を冒して日本海で、物資の輸送を続けた。

旅順艦隊

ロシアの要塞である旅順には、戦艦七隻など、旅順艦隊がいた。大砲を陸揚げして要塞砲とし、水兵は陸上戦闘員となるなど、艦隊としての機能を半ば失っていたが、日本側は知らなかった。ウラジオストックには、巡洋艦からなる小艦隊がいた。

旅順は湾口が狭いので、日本軍は閉塞することを試みたが、成功しなかった。あとは、港外で待ち受ける作戦をとった。日本陸軍が旅順背後の高地を攻略し、砲撃を加えて艦隊に損傷を加えた。残った艦隊は脱出を試みたが、日本艦隊の攻撃を受け、ほぼ戦力を失った(黄海海戦)。(日清戦争の際にも黄海海戦が戦われたので、混同しないこと。)

マハンは言う、旅順艦隊はさっさとウラジオストックに移動し、同地の艦隊と合流すべきだった。その際、損傷をあまり被らずに封鎖線を突破できると判断できれば、戦闘を極力避けて遁走する。大破した艦が落伍するなどの状況になったら、全艦が遁走をやめ、敗戦の見込みが濃厚でも日本艦隊になるべく大きな打撃を与えるため、一丸となって戦いを挑むべき。どっちつかずのまま時機を逸したロシア側の、失態であったと。

＊

これにひきかえ、日本側の意思ははっきりしていた。旅順港の閉塞が不可能であれば、相手の戦力が優勢ではあっても、旅順艦隊を全力で攻撃する。それをしないで戦力を温存しても、増派部隊が到着すれば、状況は悪くなるばかりだ。決戦を挑み、日本艦隊が壊滅すれば、それまでのことである。

バルチック艦隊

戦力増強のため、ヨーロッパから艦隊が回航されることになった。ロジェストヴェンスキー提督率いる、いわゆるバルチック艦隊である。

艦隊は、揚子江の河口沖合に投錨した。海軍総司令部からの電報は、《積載品を可能な限り減らし、かつ補給部隊を同伴すべからず》(371)という、適切なものだった。ロシアの目的は、制海権の確保であり、それには日本艦隊との決戦が不可欠である。ところがロジェストヴェンスキー提督は、石炭を大量に積み込むよう命じた。船室にも積み込み、甲板にもあふれたという。このため船体は不安定となり、速度も遅くなり、砲火を受ければたちまち火に包まれる危険な状態になった。索敵艦も出さず、日本艦隊がどこにいるかの情報もないまま、ウラジオストックを目指して出港した。艦隊の大部分が同港に入れば、日本の輸送線を脅かすことができるという、《牽制艦隊の威力に関する誇張された理論を彼が盲信していたことはほぼ確実》(376)である。

＊

いっぽうの日本海軍は、艦隊決戦をはじめから決意していた。両艦隊は、遭遇し、砲火を交わし、日本艦隊の完勝に終わった。

敵前回頭(いわゆるトーゴー・ターン)や、伝説として伝わり真偽のほどのわからないT字戦法について、マハンはまったく言及していない。むしろ、《対露戦において、日本はなんら独創性を示してはいません。単に戦闘に関する通則に従ったのみです。》(386)と、あっさりしたまとめになっている。《とはいえ、先行き不透明な局面において、かくも正しい方針を実践するのは容易ならざることです。》(386)私の教科書どおりだからほめてやろう、なのである。

指揮を執る東郷平八郎。
『三笠艦橋之圖』東城鉦太郎画

日本海軍は、原則を重視した

勝因は、日本海軍が原則に忠実だったことによる。決して、日本海軍が優れていたからではない。このマハンの分析を、日本は重く受け止めるべきだったろう。《日本海軍が牽制艦隊主義者たちと大きく異なっていた点を指摘したい。まず、様々な可能性を冷静に検討したうえで、成功する見込みの高い措置を迷わず講じました。…さらに、ときにあえて危険を冒して、「あたう限り多くの機会を活用」（ナポレオン）して戦果をあげんとしました。…全体として日本海軍の行動が正しかったことは確かです。》（388）

弩級・超弩級

日本の艦隊の旗艦をつとめた戦艦三笠は、イギリスのヴィッカース造船所の建造。一九〇〇年に進水し、一九〇二年に就役した。一万五千トン、一八ノット。就役当時は最新式の戦艦だった。

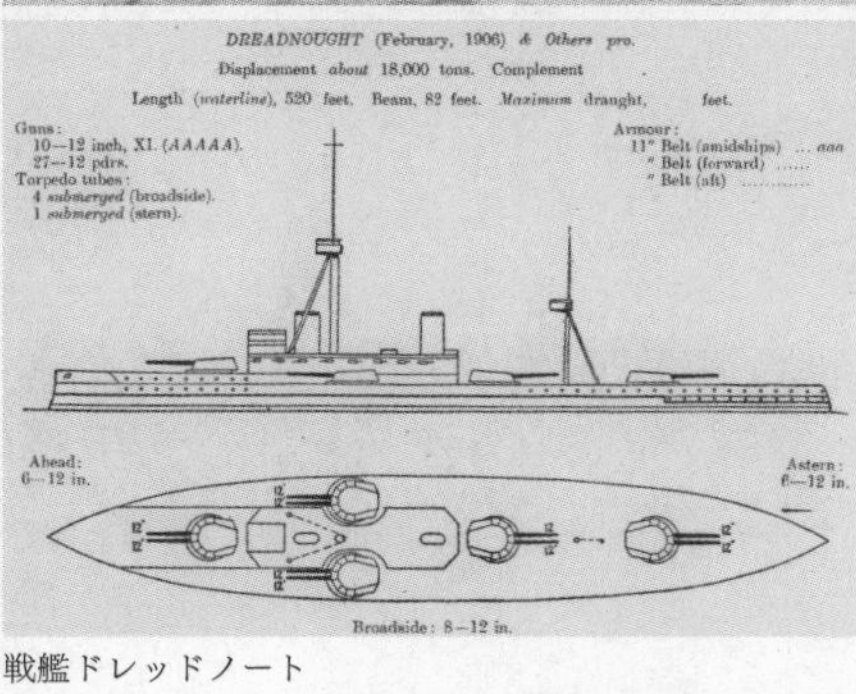

戦艦ドレッドノート

だが、その数年後、段違いの新型艦が登場する。戦艦ドレッドノート。イギリスのポーツマス造船所の建造で、一万八千トン、二連装五基の砲塔をもつ。従来の蒸気機関にかえて、石炭と重油を燃料とする高出力のタービン機関を載せ、二一ノットの高速で航行できる。これまでの戦艦は、みな旧式艦になってしまった。射程外から命中弾を撃ちこまれ、逃げても追いつかれて撃沈されてしまうからである。

*

ドレッドノートに相当する性能をもつ戦艦を、ドレッドノート級（略して、弩級）戦艦という。

ドレッドノートの登場は、激しい建艦競争をひき起こした。イギリスもドイツも、日本も、もっと最新式の「超弩級」戦艦を建造する。一九一〇年には、ドレッドノートすらすでに旧式艦になり下がってしまっていた。

第八章　モルトケと参謀本部

ヘルムート・カール・フォン・モルトケ

参謀とは

参謀(staff)とは、ナポレオン戦争の時代から徐々に、特別の任務を果たすようになった軍人の一群である。その任務とは、ある国の戦略を構想し、それを作戦計画として立案すること。つまり、軍の頭脳の役割を果たすことである。実際の戦闘は、一線の部隊の司令官が指揮をとった。

ナポレオンは、軍事的天才の名をほしいままにし、戦略から作戦の立案まで、すべて自分ひとりで行なった。そのため、参謀の制度が育たなかった。また、ナポレオンがいないところでは、フランス軍はよく負けた。

プロイセンは、国王が最高司令官の地位にあったが、実際の戦略や作戦の立案は、軍首脳のもとで参謀の役目をつとめる人びとが行なった。ここから、参謀本部の仕組みが生まれてくる。

*

ちなみに日本の陸軍は、ドイツの制度を取り入れて、参謀本部をおいていた。そのトップは、参謀総長である。平時の陸軍行政（予算、人事など）のトップは陸軍大臣だが、戦時の作戦命令のトップは、参謀総長である。一般の組織と違って軍の場合、このように、軍政と軍令とを分けるのである。

日本の海軍は、参謀本部にあたる、軍令部をおいている。参謀本部といわないのは、陸軍が嫌がったからだという。そのトップは、軍令部長（あるいは、軍令部総長）だ。

戦時には、陸軍参謀本部と海軍軍令部が、大本営を構成した。陸軍と海軍はいつも意見があわず、作戦はちぐはぐだった。大本営政府連絡会議というものもおかれ、あとでは最高戦争指導会議と名前がついた。天皇が臨席する、いわゆる御前会議である。

なお自衛隊には、参謀本部にあたる幕僚監部があり、その上に、陸海空を統括する統合幕僚監部がある。これは、アメリカ軍の、統合参謀本部を真似したものだ。

シャルンホルスト

プロイセンの参謀本部の父といわれるのは、シャルンホルストである。クラウゼヴィッツの話をしたときにも、改革派の軍人として、名前が出たのを覚えているだろう（第六章）。

プロイセンの陸軍は、ユンカーとよばれる貴族が、将校になる決まりだった。ユンカーは、名前は貴族だが、領地が狭くて貧しく、将校として勤務する給与をあてにしていた。ただし砲兵将校は技術系で、いちだん低くみられていたので、貴族でなくてもなることができた。

＊

ゲルハルト・フォン・シャルンホルスト（一七五五－一八一三）は、英領ハノーヴァの農民の家庭にうまれ、士官学校に入り、のち砲兵将校となった。頭脳は抜群に明晰だが、団子鼻でハンサムではなく、身なりも気にしなかった。気位の高いユンカー貴族から嫌われるタイプだ。軍事学の研究に熱中し、雑誌を創刊して論文をつぎつぎ発表、広く名を知られるようになった。フランス革命が始まると、ハノーヴァ軍の一員として参戦しオランダで戦い、実戦でも有能であることを証明する。そして一八〇一年、その実力をかわれ、プロイセン軍に招かれた。

シャルンホルスト

シャルンホルストがプロイセン軍に出した条件は、貴族に列してほしいこと。そして、軍制改革の担当者にしてほしいことだった。プロイセン軍はまだ保守的だったから、貴族の身分は改革実現のために必要だった。それでも改革に着手するには、時機を待たねばならなかった。

改革はあせらず

シャルンホルストのみるところ、フランス軍が強いのは、徴兵制にもとづく国民軍であること。そして、柔軟で効率的な組織のおかげだ。プロイセン軍がこれに追いつくには、フランス革命にもあたる改革が必要だ。抵抗にあうのは目に見えている。でも、これをやりとげない限り、フランスには勝てないだろう。

*

シャルンホルストはさっそく、改革派の勉強会（「陸軍会」）を立ち上げた。クラウゼヴィッツもこの会に参加した一人である。また、士官学校の校長として、将校の教育、意識改革に力を注いだ。プロイセン軍は兵力を増やしたので、将校が不足した。シャルンホルストは、中産階級から多くの将校を迎え、彼らは改革を支持するグループになった。

一八〇二年、シャルンホルストは、参謀本部を設置する案を書き上げた。

それまでは参謀部が、戦争のたびに臨時におかれては、解散してきた。これを常設にする。そして、フランス、オーストリア、ロシアとの戦争を想定して、平時から作戦を練っておく。参謀は各地を旅行して、地図をつくる。また、参謀本部のトップは、いつでも君主に面会できるとなおよい（帷幄上奏権（いあくじょうそうけん））。

提案にはもっともなところもあるというので、兵站幕僚部がおかれることになった。のちの、参謀本部である。

ナポレオンに完敗

プロイセンは、ナポレオンと戦うかどうかの踏んぎりがつかなかった。中立を保って、ウルムの会戦でオーストリア軍が、アウステルリッツの会戦でオーストリア軍とロシア軍が、ナポレオンに蹴散らされるのをだまって見ていた。今度は、プロイセンがナポレオンの標的になった。イエナとアウエルシュテットの会戦で、プロイセンは屈辱的な敗戦を喫し、国土の半分を失ってしまう（ティルジットの和約）。

軍の改革が必要なことは、誰の目にも明らかだ。

ナポレオンが、ロシア遠征の準備を始めた。シャルンホルストは、それを聞くとすぐ、ロシアに急行し、ロシアとプロイセンが同盟してフランスを迎え撃つ相談をまとめた。帰国してみると、プロイセン国王はナポレオンに従って、ロシア遠征に加わることを決めていた。シャルンホルストは閑職に追いやられた。

＊

ナポレオンがロシアで敗れた。シャルンホルストはオーストリアと同盟を結ぶため、ウィーンに向かうが、途中のプラハで病死してしまう。シャルンホルストは、志なかばで斃れた。その遺志をついで、プロイセン軍を指揮し、ナポレオンを苦しめたのは、グナイゼナウである。

グナイゼナウ

グナイゼナウ、ナポレオンを破る

アウグスト・フォン・グナイゼナウ(一七六〇―一八三一)は、貧乏な環境から軍人になり、アメリカ独立戦争にもイギリス軍として参加、帰国してプロイセン軍に加わる。シャルンホルストに見出されて幕僚をつとめ、彼のあとを継いで参謀長になった。

＊

グナイゼナウは、ナポレオンの作戦の特徴を研究した。敵の主力に、敵を上回る兵力を集中して決戦を挑み、敵が崩れて退却するところを追撃して、立ち直れないほどの損害を与える。これがナポレオンの作戦だとすれば、対策はこうだ。決して、決戦に応じない。ナポレオンが兵力を集中してきたら、すみやかに整然と退却し、追撃を受けない。相手が退けば攻勢に出て、損害を与える。これを繰り返し、持久戦で、相手を消耗させる。

グナイゼナウは、この戦い方を徹底させた。ナポレオンは、どの戦場でも勝利を収めたが、次第に消耗し、最後には決戦で敗れてしまった。

*

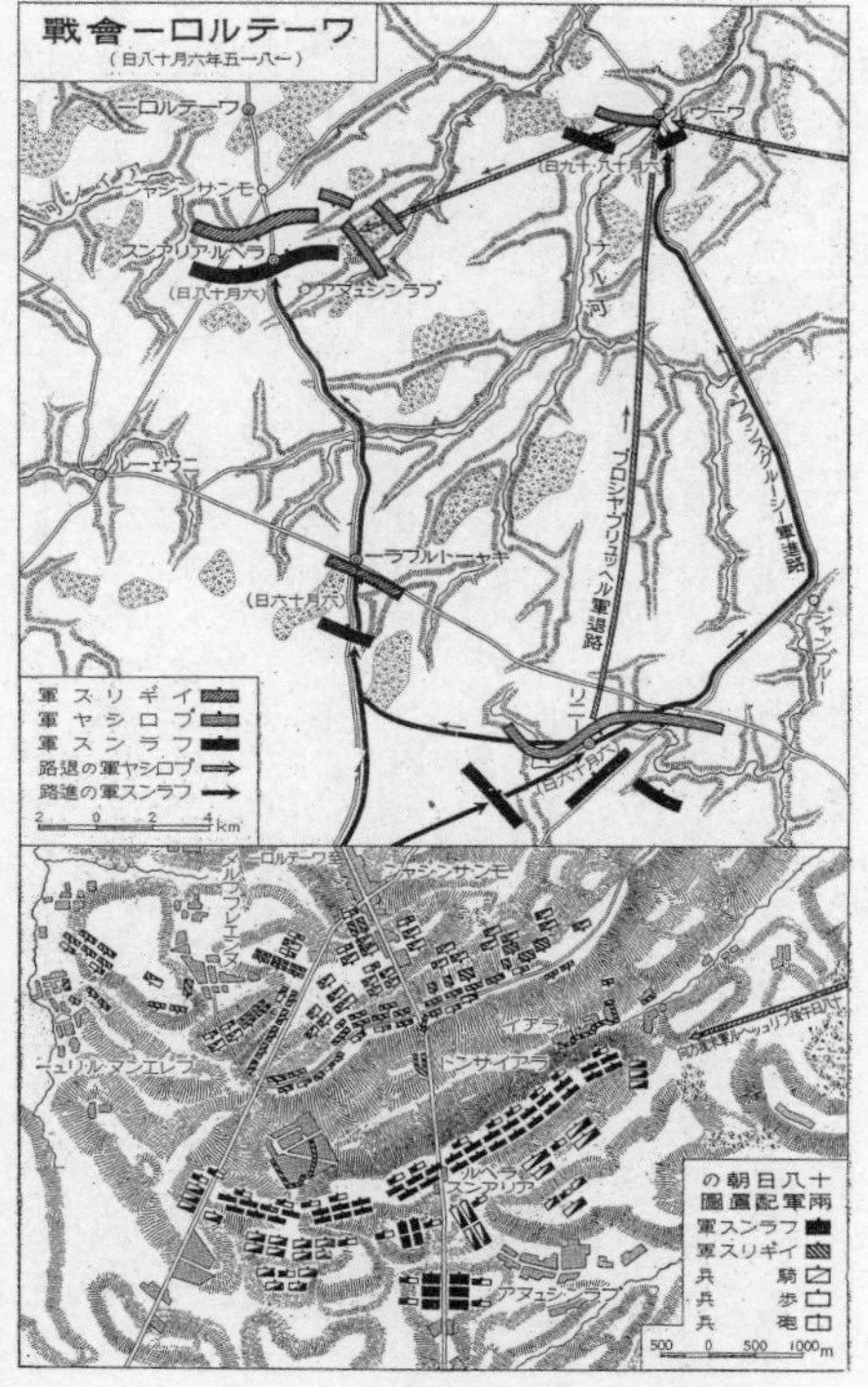

敗走したかに見せ、ナポレオン軍を攻めるプロイセン軍
（ワーテルローの戦いの会戦図）

ワーテルローの戦いでも、グナイゼナウの采配が光っている。ナポレオン軍はおよそ一二万。迎える、ウェリントン率いるイギリス軍は六万八千、ブリュッヘル率いるプロイセン軍は一二万。ナポレオンはまずプロイセン軍を、つぎにウェリントン軍を各個撃破し、勝機をつかもうとした。ウェリントン軍は訓練不足の寄せ集め部隊だった。

そこでナポレオン軍はプロイセン軍に攻勢をかけ、損害を与えて敗走させる(リニーの戦い)。グナイゼナウは、潰走するとみせかけ整然と退却し、街道方向ではなくイギリス軍寄りの方向に進んだ。ナポレオンは、グルーシー率いる三万の軍を街道沿いに追撃させたが、プロイセン軍はいなかった。

ナポレオンは残りの軍を率い、ワーテルローに陣をしくウェリントン軍を攻撃する。互角の戦いが続き両軍が消耗したところを、右手から、敗走したはずのプロイセン軍が現れる。側面を突かれたナポレオン軍は総崩れとなって敗走し、パリに戻ったナポレオンはすぐさま退位した。

主力と衝突した場合は、退却する。相手を消耗させ、好機をとらえて勝敗を決する。ナポレオンの決戦思想に対応した、プロイセン軍の戦略だ。

その後の参謀本部

グナイゼナウは見事な功績をおさめたが、戦後はかえって冷遇された。一八三一年、ポーランドで反乱が起こると、司令官に任ぜられ現地に赴く。クラウゼヴィッツを参謀長として伴った。同地でコレラに感染し、病死した。

*

その後のプロイセンの参謀組織は、どんな組織もそうであるように、ある時は有能な人物に、ある時は凡庸な人物に率いられ、細々と継続した。ナポレオン戦争のあと、ヨーロッパは保守化し、大きな戦争を避けるようになったのだ。

しかしその代わりに、社会の変化は著しかった。資本主義が発展し、蒸気機関が産業を変え、鉄道が開通し、人びとは都市に集まった。およそ半世紀のあいだに、ヨーロッパは見違えるような社会になった。

そしてドイツには、カール・マルクスなど社会主義者が現れて、社会の変革を叫ぶようになった。産業の発展や社会の変化にひきかえ、ドイツの政治的統合は立ち遅れている。ドイツ統一こそ、いますぐ実現すべき課題だと、人びとは思うようになった。

ビスマルクとモルトケ

プロイセンが、ヨーロッパ最強の陸軍を築き上げ、参謀本部の力量を世界に証明したのは、参謀モルトケのはたらきによる。

モルトケは、政治家ビスマルクとタッグを組んで、ドイツ帝国を誕生させた。

ビスマルク

＊

ドイツには、大小さまざまな領邦国家が残って、統一が遅れていた。強大な統一ドイツの出現を恐れる、フランスもオーストリアも反対していた。ドイツを統一するには、両国との戦争は避けられそうにない。だが、フランスとオーストリアの、両方と一度に戦う力はプロイセンにはない。

この難題をどう切り抜けるか。ビスマルクも、モルトケも、頭を痛めた。

二正面戦争

ドイツの地政学について、理解しなければならない。

ドイツは平原で、さえぎるものがない。外敵が侵入しても、自然の要害で食い止める、というわけにはいかない。応戦しなければならない。強力な陸軍が必要だ。だがもしも、複数の相手と同時に戦わねばならないとなると、兵力が分散され、きわめて不利になる。二正面作戦である。ではどうするか。

まず、一度に二つの国と戦わない。一度には、一つの国とだけ戦う。ドイツを包囲する同盟を結ばせない。二正面作戦を避けるのが、ドイツの鉄則である。それには巧みな外交が必要だ。

それが無理な場合。やむをえず二つの国と戦うとしても、すみやかに片方をまず撃破する。それから、すばやくもう一方に向かう。それには、相手より圧倒的に優れた軍事力と戦争指導が必要だ。こううまく行くかはわからない。

＊

ビスマルクは卓越した外交手腕によって、ドイツ包囲網をつくらせなかった。モルトケは、二正面作戦を避けることができるという前提で、戦略を考えればよかった。

しかし第一次世界大戦では、ドイツは西部戦線と東部戦線の、二正面戦争を戦うことになった。戦線は膠着（こうちゃく）し、ドイツは敗れた。これを教訓に、つぎの戦争を準備したヒトラーは、すみやかに相手を壊滅させる電撃戦（第一〇章240ページ参照）を準備し、すみやかに軍隊を移動させるアウトバーン（高速道路）を建設した。ソ連と不可侵条約を結びもした。だが結局、二正面戦争を戦うことになり、敗れたのである。

参謀モルトケ

ヘルムート・カール・フォン・モルトケ（一八〇〇－一八九一）は、没落貴族の家に生まれ、貧しい環境で育ち、幼年学校を出てデンマーク軍の士官となり、二一歳でプロイセン軍に加わった。のち、参謀本部に勤務することとなり、トルコに派遣されて実戦を経験する。戦略についての論文を書くなどして知られるようになり、参謀総長に抜擢されたのは、五七歳のときだ。のちに、同じく参謀総長をつとめた甥のヘルムート・ヨハンネス・フォン・モルトケ（小モルトケ）と区別して、大モルトケともいう。

＊

モルトケがまず才能を示したのは、デンマーク戦争（一八六四）だった。

ドイツとデンマークの境にあるシュレスウィヒ、ホルスタインの両州は、帰属があいまいだった。住民はドイツ人が多い。ビスマルクはこれを、プロイセンに併合しようと思って、モルトケに相談した。モルトケは、作戦命令をつくった。現地の司令官が命令どおりに動かなかったのでこじれかかったが、モルトケが現地で作戦指導にあたると、あっという間に解決した。国王も軍事大臣も感心した。

モルトケは、普墺戦争の作戦を立案することになった。

オーストリア軍を包囲する

オーストリア軍を打ち負かす。その作戦を練るには、これまでの常識と戦わなければならなかった。

ひとつは、「内線作戦」の議論である。

クラウゼヴィッツと同時代の将軍に、ジョミニがいた。スイス人で、ナポレオン軍で戦い、そのあとロシア軍の将軍となったジョミニは、『戦争概論』(一八三八)を著した。この書は当時、大きな影響力をもっていた。ジョミニによれば、味方の内部の移動である内線のほうが、敵を前に控えた移動である外線よりも、有利である。ゆえに、敵を包囲攻撃するのは、困難であるということになる。

＊

「内線作戦」の議論は、防御が優位であることに通じ、正しい面もあるが、モルトケはつぎのように考えた。もしも鉄道を使うなど、兵員や物資のすみやかな移動が可能なら、敵を包囲攻撃することもたやすいのではないか。分散しつつ前進し、決戦予定地点に全兵力を集結して敵を撃破できるのではないか。

モルトケの予想によると、オーストリア軍はベルリンを目指し、ザクセンを通って進撃してくるはずだった。それを三〇〇キロの弓形に、大きく包みこむように包囲する。決戦予定地点に通じる鉄道は、ドイツに五本もある。オーストリアには一本しかない。

＊

もうひとつは、武器である。

ドイツの工業力、技術力を活かして、最新式の武器や兵器で、戦力を強化する。クルップが、大きな鉄工所や兵器工場を建て、一九世紀の中ごろまでには射程の長いライフル銃を開発した。ドライゼは、元込め式の銃を開発した。プロイセン軍は、後装ライフル銃を採用したが、当時こんな標準装備をもっているのは、プロイセン軍だけだった。

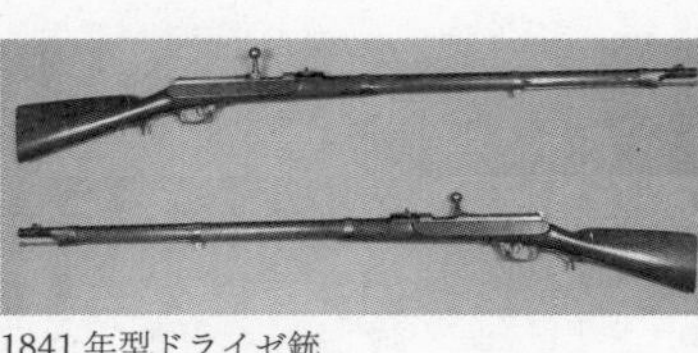
1841年型ドライゼ銃

ケーニヒグレーツの会戦

オーストリアとの戦争（普墺戦争）が始まったのは、一八六六年である。

オーストリアは、ドイツ南部の領邦軍を含め、四〇万人を動員した。ビスマルクは、巧みな外交手腕によって、イタリアと結んでオーストリアを攻撃させたので、オーストリアはそちらにも兵力を割かねばならなかった。そこで、三〇万人のプロイセン軍と対峙したのは、ほぼ互角の兵力だった。

*

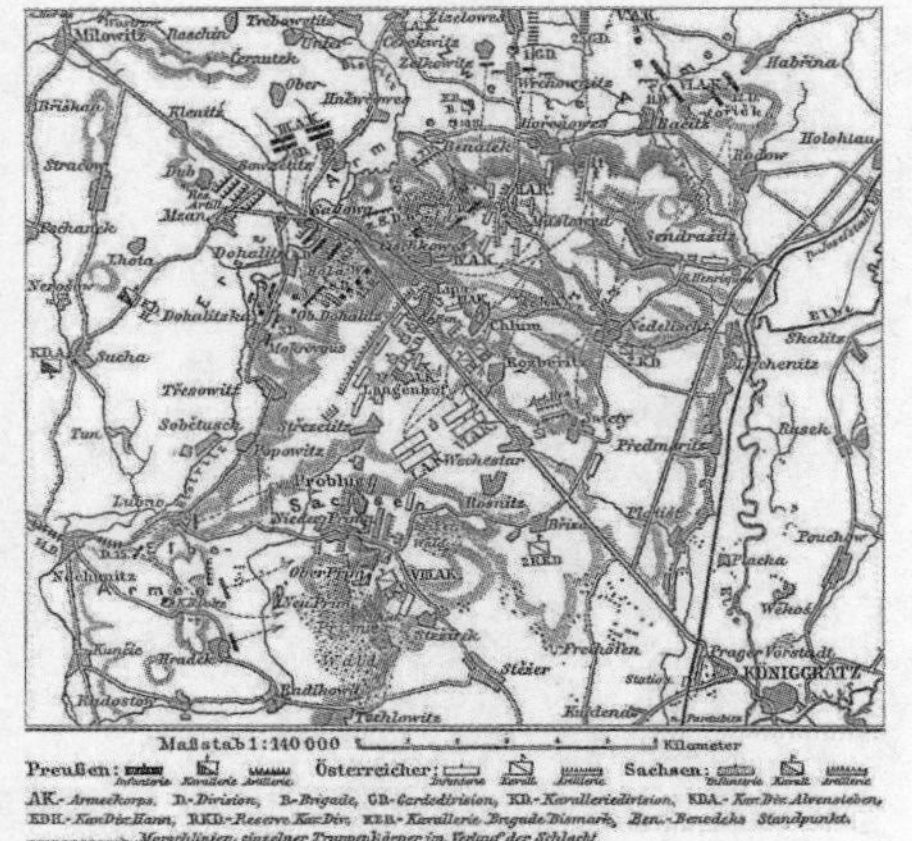

ケーニヒグレーツの戦いの会戦布陣図

事前の予想では、オーストリアが有利と思われた。だが、ふたを開けてみると、モルトケの作戦どおりに、オーストリア軍は三方から包囲されて、ケーニヒグレーツで袋のネズミになってしまった。戦闘でも、オーストリア軍は大きな損害を出した。銃剣突撃のたびに、プロイセン軍のライフル銃の連射で撃退された。

寛大な講和

プロイセン軍は勢いに乗って、ウィーンの近くにまで進撃した。将軍たちは、ウィーンに入城するのだと、はやり立った。

ビスマルクは、青くなった。

ビスマルクの目的は、統一ドイツの樹立である。オーストリア戦争で勝利しても、まだ先は長い。つぎに、フランスとの決戦が控えている。プロイセンがフランスと戦っているときに、オーストリアに背後を突かれては、ひとたまりもない。どうしても、オーストリアの好意的中立が必要である。それには、寛大な講和条約を結び、オーストリアと良好な関係を保っておく必要がある。それがわからない将軍たちは、何を考えているのか。おまけに、国王まで一緒になって、ウィーン入城を支持している…。

ビスマルクは臆病者呼ばわりされた。孤立して、頭がおかしくなりそうだった。

さいわい、皇太子がビスマルクの肩をもってくれて、オーストリアと寛大な講和を結ぶことができた。オーストリアの領土には手をつけず、賠償金も取らない。そのかわりドイツ領邦は、プロイセンに編入する。すみやかに決着したので、外国が干渉するスキもなかった。

普仏戦争

つぎは、フランスと戦う番だ。

『ドイツ帝国の成立』アントン・フォン・ヴェルナー画

モルトケは、フランスと戦う作戦計画を立てた。フランス国境に達する鉄道六本を用いて、動員から一〇日間でフランスに進攻する。フランス軍と遭遇したら、正面と右翼を攻撃して、包囲し、パリから遮断する。

戦争は、一八七〇年に始まった。普墺戦争の経験で、参謀本部を率いるモルトケの威令は徹底していたので、指揮官たちは作戦命令どおりに戦った。作戦はうまく行きすぎた。その結果、ナポレオン三世がセダンで包囲され、捕虜になってしまうという予想外の事態になった。

*

ビスマルクは、フランスとの国境の、アルザス、ロレーヌ州を取って、すみやかに講和を結びたかった。しかし国王も将軍たちも、モルトケも、パリに入城することにこだわった。結局、プロイセン軍は、パリに入城し、プロイセン国王ヴィルヘルム一世は、ヴェルサイユ宮殿で、ドイツ皇帝ヴィルヘルム一世としての即位の式を挙げた。

この仕打ちはフランス人に、深い怨みを残した。まったく不必要なことだった。その怨みは、第一次世界大戦で、ドイツが敗れると、過酷な講和条約と重い賠償金となって、のしかかってくることになるのである。

＊

普仏戦争の勝利によって、モルトケと参謀本部の名声は世界に広まった。各国はこぞって、参謀本部を設けた。日本もそのひとつである。

日本陸軍ははじめ、フランス軍を手本にしていた。ナポレオンの印象が強く、世界最強と認識していたからだ。学生服がフランス服なのも、その頃の名残りである。ところが、ドイツがフランスに勝ったので、ドイツを手本にすることになった。モルトケの部下のメッケル少佐がやってきて、鎮台を廃止し師団をおくなど、陸軍のシステムをドイツ風にした。鎮台は、いわばゾーンディフェンスで、要塞に結びついている。それに対して師団は、野戦型で、どこにでも移動して戦う。

シュリーフェンプラン

モルトケのあと、ドイツの参謀本部は、組織が大きくなりすぎ、人材にも恵まれず、停滞し始めた。もっと困ったことに、ビスマルクを継ぐ有能な政治家がいなくなり、ドイツそのものが迷走し始めた。

そんななか、歴史に残る参謀総長は、シュリーフェンである。

アルフレート・フォン・シュリーフェン(一八三三－一九一三)は、軍人の息子に生まれ、軍人となり、平凡な将校だったが、地道に研究を続け、五一歳で参謀本部に配属、五八歳で参謀総長となった。

シュリーフェン

＊

シュリーフェンがモルトケと異なるのは、二正面作戦が避けられない、という悲観的な前提で作戦を立案していることだ。たしかにドイツのリーダーシップは混乱しており、ビスマルクのような外交によってドイツの進路を打開できると考えるのは無理だったかもしれない。

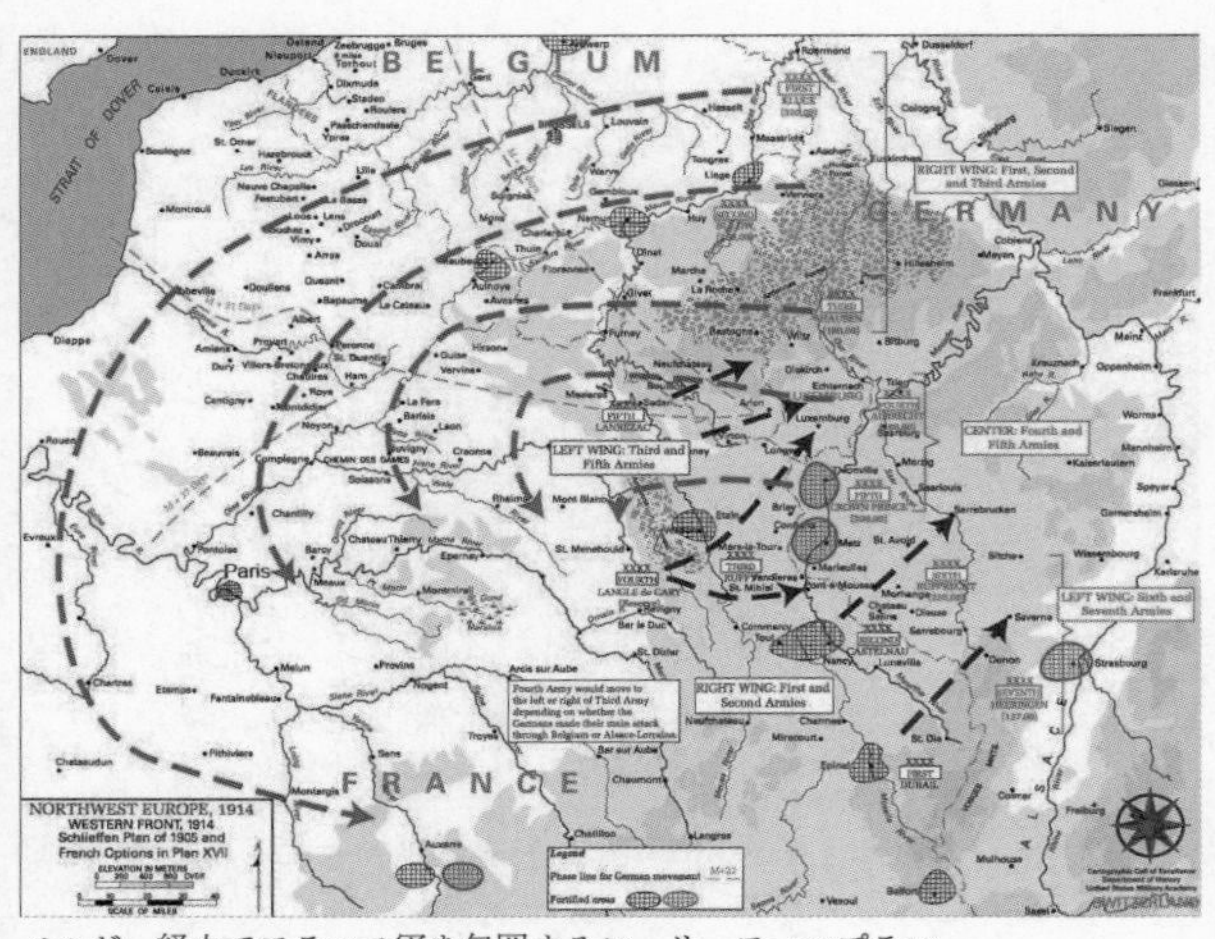

ベルギー経由でフランス軍を包囲するシュリーフェンプラン

仮想敵国はどこか。フランスとロシアである。ロシアは、動員に一カ月半以上かかる。その間に、電光石火、フランス軍を撃破し、講和を結ぶ。そしてすみやかに東部戦線に兵員や装備を移動させ、ロシアとの戦争に備える、というのである。

具体的にはどうするか。フランスは国境に、要塞を構築し、防衛線をしいている。そこでベルギーを通過し、パリの西側を迂回してフランス軍を包囲する、という思い切った作戦である。

シュリーフェンプランは、一八九八年にはいちおう完成した。シュリーフェンは一九〇五年に怪我をして、引退してしまう。後任に選ばれたのは、凡庸な、モルトケの甥の小モルトケであった。

ドイツ陸軍の落日

シュリーフェンプランは、参謀本部の内密なプランのはずが、漏れ伝わって有名になった。あってはならないことだ。

シュリーフェンは、二正面作戦は不可避だと悲観していたが、第一次世界大戦で、それは現実になった。まさに予想どおりにドイツは、フランスとロシアの両国を相手に開戦することになった。

小モルトケは、シュリーフェンプランを大胆に実行する能力も度量も持ち合わせていなかった。しかし、代わりのプランがあるわけでもなかった。結局、おっかなびっくり、中途半端な作戦命令を出すことになった。ドイツ軍の進撃はたちまち頓挫し、戦線は膠着して、持久戦になった。

ロシアとの東部戦線も膠着して持久戦。塹壕の中で、両軍で一千万人にものぼる若者の命が、無意味に奪われて行った。

＊

一九三九年に始まる、第二次世界大戦。ヒトラーの率いるドイツ国防軍は、フランスのマジノ線（国境の要塞）をベルギーから迂回して、裏側に回りこんだ。シュリーフェンプランそのままである。フランスは降伏した。

第一次世界大戦、第二次世界大戦については、章を改めて論じることとしよう。

第九章　第一次世界大戦とリデル・ハート

リデル・ハート

二〇三高地

二〇世紀の幕が開けてすぐ、日本とロシアが戦った日露戦争（一九〇四－一九〇五）には、ヨーロッパなど各国の軍人が観戦武官として訪れていた。彼らは、その見聞を、本国に書き送る。一〇年後の第一次世界大戦の、序曲とも言える戦争であった。

陸戦では、旅順攻防戦が、日本人には馴染みぶかい。旅順港の背後は、小高い丘によってぐるりと取り巻かれ、そこにはコンクリートのトーチカ（防御施設）が設けられ、機関銃で守られていた。旅順港のロシア艦隊を砲撃するため、照準を合わせる観測地点が丘の上にほしい日本軍。そうはさせじと陣を守るロシア軍。壮絶な攻防戦となった。

＊

機関銃は、銃弾を連続的に発射し、弾幕をつくって、攻撃側の歩兵の突撃を寄せつけない。基本的には、防御側の兵器である。高所の堅固な陣地に立てこもり、銃眼から機関銃を連射するロシア側の戦法は、きわめて有効で、乃木将軍の率いる日本側は大きな損害を出した。要塞攻略のやり方の研究が、不足していたとも言える。

この戦闘は、その後の大きな教訓になった。

持久戦

一九一四年に始まった第一次世界大戦は、ヨーロッパの主要国をすべて巻き込む、未曾有の大戦争になった。

従来の会戦型の戦争は、だいたい数日から数週間で決着していた。戦域も限られ、損害も限定されていた。第一次世界大戦もはじめのうちは、誰もがすぐ終わるだろうとたかをくくっていた。開戦のきっかけは、偶然的な事情のつみ重ねで、戦争目的もはっきりしない。けれども、始まった以上は負けるわけにはいかない。国力のすべてを傾けての、総力戦になった。

*

戦争が長びいた理由は、攻撃力を防御力が上回ったことである。ドイツのシュリーフェンプランが頓挫したように、どの国の作戦計画も、防御側に食い止められた。機関銃で何層にも固められた陣地と、鉄条網。迷路のように掘りめぐらされたトンネルや塹壕。そこに潜む兵士たちをめがけ、砲撃が加えられる。戦線は膠着し、迂回作戦ができないように、前線はアルプス山脈から海まで達した。

陸戦の勝敗は、クラウゼヴィッツも言うように、兵力（人数）で決着してきた。そこで各国は、総動員をかけ、ありったけの若者を兵士に仕立てて、鉄道で前線に送り込んだ。第一次世界大戦で動員された兵士は総計で八七〇〇万人、戦死者はおよそ一千万人にものぼる。これがどれだけ恐ろしいことか、人間のまともな想像力を超えている。

総力戦

銃砲も、軍艦も、兵員を運ぶ鉄道も、武器や兵器や軍需物資はみな、工業製品である。経済と社会の全体が、戦争を目的とし、戦争に奉仕するように再組織された。総力戦である。

人びとは、志願し、また徴兵されて、兵士に動員された。職場の空いたポストに、女性が採用された。女性たちは、工場でもオフィスでも農場でも、働いた。商船も車輛も、民生物資で必要なものは徴用され、接収された。企業は、軍需物資の生産でフル回転した。ありったけのことをしても、それでも戦線は膠着したままで、四年が過ぎたのである。

＊

これだけの負担は、社会を崩壊させる。ロシアではロシア革命が起こり、ソ連が政権を奪った。ドイツでは、皇帝が退位した。ドイツは敗北した。

ヴェルサイユで講和条約が結ばれた。ドイツの領土が縮小され、大勢のドイツ人が国境の外に取り残されることになった。オーストリア・ハンガリー帝国は解体し、多くの民族が独立することになった。ドイツは過大な賠償金を課せられた。イギリス代表のケインズは、賠償金を課すことに反対したが、主張は通らなかった。これらはのちに、禍根を残すことになる。

イギリス軍のマークⅠ戦車（1916年）

戦車・飛行機・毒ガス

膠着した前線を、どうしたら突破できるか。第一次世界大戦は、新しい兵器を生み出した。

まず、戦車。戦車は、厚い装甲で機関銃弾をはね返し、キャタピラーで塹壕や障害物を乗り越えていく。砲塔をそなえていて、防御側の陣地や相手の戦車を破壊する。戦車は、第一次世界大戦で実戦に使用され、その後、陸軍の常備兵器になった。第二次世界大戦では、野戦の主力兵器となっている。

戦車は、機動力という点では、騎兵に相当する。ただし、騎兵は歩兵の銃撃に脆弱であるのに対して、歩兵の銃撃をものともしない。歩兵が戦車に対抗するには、対戦車砲という特殊な兵器を必要とする。そして戦車は、野砲としての性格ももっている。砲兵は機動性が低かったが、戦車は機動性が高い。

＊

つぎに、飛行機。飛行機は、上空を飛行するので、膠着した地上の戦線を飛び越えることができる。最初は、偵察の目的で使用され、つぎに爆弾を搭載する爆撃機、そして敵の飛行機を撃墜する戦闘機として、使用されるようになった。飛行機のための軽量の機銃も開発された。

船と飛行機を比べてみると、船は動力を使わないでも、長時間、海上に浮かんでいることができる。船が何隻もいれば、ある海域を支配することが可能だ。それに対して、飛行機は、長時間、空中に留まることができない。しばらく飛行を続けたあと、必ず飛行場に戻らなければならない。こうした性質をもつ飛行機は、これまでの陸軍と海軍のどちらにも属さないので、まもなく、空軍という新しいカテゴリーにくくられることになった。

＊

第一次世界大戦でのドイツ軍戦闘機
「フォッカー E. Ⅲ」

それから、毒ガスのような化学兵器や、細菌のような生物兵器。どちらも、いちどに大勢の人びとを殺傷することができる、大量破壊兵器である。

化学兵器や生物兵器の特徴は、銃砲と異なり、狙いをつけて発射する、というプロセスを必ずしも踏まないことである。毒性のある化学物質や細菌は、敵味方を問わず、また戦闘員や非戦闘員を問わず、無差別に人びとに危害を加える。この性質のため、人びとに、道徳的に許しがたいという思いを抱かせる。

毒ガスはなぜ忌まわしいか

毒は、古代から、戦争で使わないのがルールだった。

なぜか。毒が知られていなかったわけではない。密林で狩猟する民族はしばしば、毒で獲物を仕とめている。毒はありふれた物質で、誰でも使うことができた。

毒を戦争で使わないのは、毒が、戦争マシンである古代の国家の、根本を掘り崩してしまうからだと思う。古代の国家は、戦士によって守られていた。戦士は、体をきたえ、武芸を磨き、戦闘の訓練を行なう、職業的な戦闘員だった。彼らこそが軍事力だった。強力な国家は、強力な軍事力を、それなりの国家は、それなりの軍事力を、そなえていた。そうした軍事力の序列が、秩序を構成していたのである。

毒は、こうした秩序を破壊してしまう。毒は、武芸を磨き戦闘能力の高い戦士を、容易に殺害することができる。弱い立場の人間が、強い立場の人間を殺害できる。毒は本質的に、弱者の武器なのである。だから毒は、ルール違反になった。職業的な戦闘員にとって、受け入れがたいからだ。

＊

化学物質も、細菌も、大量破壊兵器は、すべて同じ性質をもっている。相対的に安価に手軽に、大量の損害を与えることができるのだ。コストをあまりかけないで、大きな破壊力がある。これは、銃砲などの通常兵器を前提にした軍事秩序を、破壊してしまう。そういう意味で、破壊的な兵器である。

毒ガスは、第一次世界大戦で実戦に使用された。通常兵器で戦う戦線が膠着し、戦争が決着しないから、ルールを踏み越えるしかないではないか。そう考えた人びとが、毒ガスを開発した。

どこかよその国が毒ガスを開発すれば、こちらも毒ガスを開発するほかはない。先制使用はしないとしても、相手が使用すれば、報復でこちらも使用する。毒ガスを開発することが、抑止力になるのである。

＊

実は核兵器も、大量破壊兵器であって、毒ガスや細菌兵器と同様の性質をもっている。つまり、忌まわしい兵器なのである。核兵器については、章を改めて議論しよう。（第一〇章）

ハーバー博士の悲劇

ドイツで毒ガス開発に従事したのは、フリッツ・ハーバー（一八六八－一九三四）である。

ハーバー博士はユダヤ人の家庭に生まれ、ベルリン大学で化学を学んだ。空中窒素を固定するハーバー・ボッシュ法を考案した。この方法で、窒素肥料が実用化し、食糧生産を増加させて、人類に大きな利益をもたらした。この功績によって、一九一八年にノーベル化学賞を受けている。

＊

一九一二年にカイザー・ヴィルヘルム物理化学・電気化学研究所の所長になったハーバー博士は、折から始まった第一次世界大戦を受けて、研究所をあげて毒ガスの開発を進め、実戦でも使用した。毒ガス完成を祝うパーティの当日、やはり化学者だった妻クララが、抗議の自殺をとげてしまう。しかし祖国への忠誠を優先するハーバー博士は、開発をやめなかった。戦後、ノーベル賞の受賞が決まったときには、毒ガスの開発を進めたハーバー博士の受賞に、風当たりも強かった。

ヒトラーが一九三三年に政権を取ると、ユダヤ人のハーバー博士にも圧力がかかり、研究所を辞

フリッツ・ハーバー

めることになった。博士は失意のうちに、翌年病死する。一九一九年にハーバー博士が発明した殺虫剤のツィクロンBが、のちに収容所でユダヤ人を大量に殺害するのに使われたことを、博士が知ることはなかった。

平和主義

第一次世界大戦は、近代工業文明に対する信頼に、深刻な打撃を与えた。科学を信じ、人類の進歩と発展を信じてきた素朴な楽観を、吹き飛ばした。

戦場となったヨーロッパが、大きな痛手を受けたのは言うまでもない。戦場から遠く離れたアメリカも、大きな影響を受けた。参戦をためらっていたアメリカも、結局

多くの兵員を送り、死傷者がかなりの数にのぼったからである。

第一次世界大戦を境に、人びとの考え方が変わった。これを体感しないで、パスしてしまったのが、日本である。日本は、参戦したものの、青島(チンタオ)を手に入れるなど、火事場泥棒のような態度に終始し、潮目が変わったのを、読み切れなかった。

昭和天皇は、皇太子時代、ヨーロッパにしばらく滞在し、第一次世界大戦直後の戦場も見て回っている。日本人のなかでは、第一次世界大戦の意味を、よく理解していた一人だと思う。

＊

戦争を厭い、平和自体に価値があるとする、平和主義が人びとの間に盛り上がった。戦争そのものを不法とする機運も、強まった。一九二八年にはパリで国際会議が開かれ、戦争は不法行為であるとする条約が結ばれた。日本も参加し、調印している。

このパリ不戦条約は、のちに、ナチス・ドイツや日本を戦争犯罪で裁く根拠のひとつになった。

リデル・ハート

第一次世界大戦の惨禍を、ナポレオン戦争以来の、クラウゼヴィッツ流の行き過ぎた戦略論の誤りととらえ、それを修正する、間接戦略も唱えられるようになった。西部戦線の塹壕戦を体験したリデル・ハートの、間接戦略アプローチである。

＊

リデル・ハート（一八九五－一九七〇）は、イギリス人牧師の子に生まれた。幼いころから軍事に興味を示すが、体格は虚弱で、海軍学校を身体検査で不合格になっている。ケンブリッジ大学在学中に第一次世界大戦が始まると、志願して将校となり、西部戦線に赴く。生き地獄のような日々を送り、病気になったり負傷したりしながらも、一九一六年夏、ソンム攻勢に参加、この日イギリス軍は一日で六万人が死傷する壊滅的な損害を被った。一九二七年、退役したあとは文筆活動に従事。正式な軍事教育を受けたことがないことから、自由な立場で議論を展開した。著書に、『戦略論』（一九五四）などがある。

間接戦略アプローチ

リデル・ハートによれば、戦略とは、《政治目的を達成するために軍事的手段を配分・適用する術（アート）である。》(19)「術（アート）」とは、科学のように完全に解明できないもの、という意味。政治目的も軍事的手段も、国（政治家）が軍人に与える。

軍人は、それを所与として、どうすれば目的が達成できるかを考える。
戦略が戦闘に溶け込んだものが戦術で、戦略～戦術～戦闘は連続している。

＊

さて、《ある戦略が成功するか否かは、目的と手段の計算・調整にかかっている》(21)のである。クラウゼヴィッツの影響で、人びとは、《敵軍事力の撃滅が唯一かつ確実な目的であ》り、それには戦闘しかないと信じこんでいる。だが、《戦略の完成とは激烈な戦闘なしで決着をつけるということであ》(24)る。それには、運動と奇襲が重要である。運動とは、物資や兵員の輸送に関すること。奇襲とは、敵の意志に影響を与える心理的側面に関すること。要するに、《「攪乱」が戦略の目的である。》(26)

《戦術的攪乱は…物質的・兵站的分野においては、(a)敵の配置を混乱させ、敵に急遽「正面変更」を強いることで敵兵力の配備・組織を攪乱し、(b)敵兵力を分断し、(c)敵の補給を危機に陥し入れ、(d)敵が…利用する路線…を脅威する運動の結果として、…生み出される。》(27)

＊

敵の前線を避けて背後に向かう運動は、「最小抵抗線」を用いることである。心理面でこれと同じことは、「最小予期線」を突くことだ。《物質的領域…、心理的領域…の両者が結合された場合のみ、戦略は敵のバランスを攪乱すべく計算された真の「間接アプローチ戦略」（インダイレクト・アプローチ）となり得るのである。》(29)

諜報活動

リデル・ハートの議論は、軍事決戦万能論に反対しようとするあまり、軍事行動なしですますのがよいというニュアンスに読めるところがある。ヒトラーの軍拡路線に対して融和的政策をとったイギリスのチェンバレン首相は非難されて、間接アプローチ戦略の影響ではないかとも言われた。

武力による直接的軍事衝突以外の、あらゆる可能性をも戦略に組み込む、という意味では、間接戦略アプローチは、あらゆる国々の戦略の基本であると言える。特に、諜報活動は大きなウェイトを占める。

*

日本を舞台にしたいちばん有名な諜報活動は、ゾルゲ事件だろう。

ドイツ人新聞記者でソ連のスパイのリヒャルト・ゾルゲは東京で、ドイツ大使と親しくなりドイツ大使館に出入りし、元朝日新聞記者の尾崎秀実（ほつみ）を通じて近衛文麿内閣の機密情報に接するようになる。一九四一年九月には、日本が対ソ攻撃をしない(対米開戦に決した)との情報をソ連に知らせ、それを受けたスターリンはシベリアのソ連軍をすべてドイツ軍にふり向けることができた。第二次世界大戦のゆくえを左右した、大事件だ。日本はそのあとゾルゲ以下を逮捕し、ゾルゲを死刑にしている。

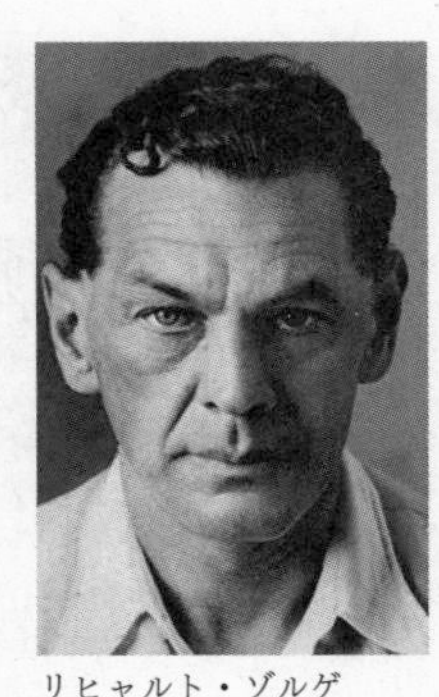
リヒャルト・ゾルゲ

尾崎秀実

*

暗号解読も、諜報戦の重要な活動である。

無線が軍用に用いられるようになってから、暗号は重要になった。暗号は単純なものから複雑なものまで、さまざまな方式がある。そして、暗号化と暗号解読は、いたちごっこの競争である。敵国の暗号を解読すれば、その作戦行動を予測でき、戦闘が有利になることは言うまでもない。

第二次世界大戦で、ドイツが使用した無敵の暗号「エニグマ」を解読するイギリスの、アラン・チューリングの活躍を描いた映画『イミテーション・ゲーム』（二〇一四）は、一見の価値がある。（アラン・チューリングは、コンピュータの原理を発明した天才的数学者である。）

アラン・チューリング

孫子の兵法

リデル・ハートの「間接アプローチ戦略」は、古代中国の孫子の兵法に通じるところがある。実際、『孫子』は欧米諸国で非常に人気があり、広く読まれている。リデル・ハートの話になったついでに、孫子の兵法についても紹介しておこう。

＊

『孫子』は、一三篇からなる。そのなかから、「間接アプローチ戦略」と理解できる箇所をあげておこう。

《孫子曰、凡用兵之法、
全国為上、破国次之、

孫子曰く、凡そ用兵の法は、
国を全うするを上となし、国を破るはこれに次ぐ。

全軍為上、破軍次之、　軍を全うするを上となし、軍を破るはこれに次ぐ。
（中略）
是故百戦百勝、　是の故に百戦百勝は、
非善之善者也、　善の善なる者に非ざるなり。
不戦而屈人之兵、　戦わずして人の兵を屈するは、
善之善者也、　善の善なる者なり。》（44）（謀攻篇第三）

孫子が言うのには、軍事戦略の原則から言うと、
相手国をそのまま屈服させるのが最上で、戦って破るのはそれより悪い。
相手国の軍をそのまま屈服させるのが最上で、戦って破るのはそれより悪い。
（中略）
百戦して全勝したとしても、最善ではない。
戦わずに相手の戦力を屈服させられれば、最善である。

情報収集が重要である

『孫子』には、データ収集の重要性をのべた箇所がある。

《兵法、一曰度、二曰量、
三曰数、四曰称、
五曰勝、地生度、

兵法は、一に曰く度(タク)、二に曰く量、
三に曰く数、四に曰く称、
五に曰く勝(ショウ)、地は度を生じ、》(60)(形篇第四)

軍事学のポイントは、第一に、度(データを収集すること)。第二に、量(数値に置き換えること)。第三に、数(そこから戦力を計算すること)。第四に、称(相手についても同じ計算をすること)。第五に、勝(戦争の結果を予測すること)。
地政学的条件、自然・経済・社会的条件をベースに、「度」の活動を行なう。

*

また情報分析のコツを示した箇所もある。

《敵近而静者、恃其険也、
遠而挑戦者、欲人之進也、
其所居易者、利也、
衆樹動者、来也、

敵近くして静かなる者はその険を恃(たの)むなり。
敵遠くして戦いを挑む者は人の進むを欲するなり。
其の居る所の易なる者は利するなり。
衆樹の動く者は来るなり。

衆草多障者、疑也、　衆草の障多き者は疑なり。

鳥起者、伏也、　鳥の起つ者は伏なり。

獣駭者、覆也、　獣の駭く者は覆なり。

塵高而鋭者、車来也、　塵高くして鋭き者は車の来るなり。

卑而広者、徒来也、　卑くして広き者は徒の来るなり。

散而条達者、樵採也、　散じて条達する者は樵採なり。

少而往来者、営軍也、　少なくして往来する者は軍を営むなり。》(110 f)（行軍篇第九）

敵軍が近くにいて静かなのは、地形が険しいのを頼みにしているのである。

敵軍が遠くにいて戦いを挑んでくるのは、こちらの進撃を望んでいるのである。

敵軍が手の届く場所に陣取っているのは、チャンスと見せて誘っているのである。

多くの樹がざわざわ動くのは、敵軍が来たのである。

草があちこち覆い被せてあるのは、伏兵かと疑わせるためである。

鳥が飛び立つのは、伏兵である。

獣が驚いて走るのは、奇襲である。

土ぼこりが高く上がって前方の角度が鋭いのは、戦車が来たのである。

低くたれて広がっているのは、歩兵が来たのである。

あちこち細長い土ぼこりが立っているのは、薪をとっているのである。

少しの土ぼこりであちこち動くのは、野営しようとしているのである。

諜報活動も重要である

『孫子』は、スパイによる情報収集の重要性を強調している。


《故用間有五、有因間、　　故に間を用うるに五あり。郷間あり。

有内間、有反間、　　内間あり。反間あり。

有死間、有生間、　　死間あり。生間あり。

五間倶起、莫知其道、　　五間倶に起こって其の道を知ること莫し。

是謂神紀、人君之宝也、　　是れを神紀と謂う。人君の宝なり。》(177)(用間篇第十三)

間諜には五つある。郷間(=因間:敵国の村人のスパイ)があり、内間(敵国の内通者のスパイ）があり、反間（逆スパイとして働く敵のスパイ）があり、死間（敵をも味方をも欺きことを露見させて敵国に報告させ、自ら死ぬことを辞さないスパイ）があり、生間（報告に戻るスパイ）がある。

これら五つのスパイが、それぞれ活動してひとに知られないのが、スパイ術の極意であり、人民にとっても為政者にとっても貴重な財産だ。

《五間之事、主必知之、　　五間の事は主必ずこれを知る。
知之必在於反間、　　これを知るは必ず反間にあり。
故反間不可不厚也、　　故に反間は厚くせざるべからざるなり。》(182)（用間篇第十三）

五つのスパイの情報は必ず主君ひとりが集約するようにしなければならない。

情報を集約するもとになるのは必ず反間の情報によってである。

ゆえに反間をもっとも厚遇しなければならない。

*

諜報組織は第二次世界大戦後、とくに発達した。アメリカは、中央情報局（CIA）

を置いている。

第一〇章　第二次世界大戦と核兵器

ナチス・ドイツの台頭

第二次世界大戦は、なぜ起こったのか。

それは、第一次世界大戦が中途半端なかたちで終わったから。その火種が再燃したからだ、と言える。

ヨーロッパ各国は、戦争をする権利と能力（軍事力）をもつ、主権国家だった。一九世紀のあいだは、しかし、相対的に戦争は少なかった。ナポレオン戦争で懲りたから。そして、工業がまだそんなに発達していなかったから、である。

工業化とともに、各国の戦争能力は高まった。国力のありったけを注ぎこんで戦う総力戦が、どんなに恐ろしいものかまだわかっていなかった。ささいなきっかけで始まった総力戦を、へとへとになるまで戦って、煮え切らないかたちで終わったのが第一次世界大戦だった。

＊

敗戦後のドイツは、インフレと不景気で苦しみ、ヴェルサイユ条約（第一次世界大戦の講和条約）は不当であるという感覚をもっていた。強力なリーダーを待望する心理が強かった。ナチスを率いたヒトラーが、登場する下地があった。

ナチス・ドイツは、政権をとった途端に、戦争準備を開始した。

ヒトラーの特異な点は、第三帝国（神聖ローマ帝国の再来）を名のり、ヨーロッパ全体を支配する「ウルトラ・ナショナリズム」の運動であること。民族的偏見をあらわにし、ユダヤ民族の大量殺害を実行したこと。敗戦で傷ついたドイツが、こうした奇怪な思考をうみだす温床となった。ヒトラーは、アウトバーンを建設し、空軍（ルフトバッフェ＝輸送隊、とカムフラージュしていた）を建設し、機甲師団を創設し、戦争準備に突入した。戦争はもはや不可避だった。

日華事変

日本も国際的に孤立していた。

第一次世界大戦の空白に、アジアでの勢力拡大をはかり、満洲事変（一九三一）で満洲を支配下に収めた。一九三七年には日華事変（当時の言い方は、支那事変）を起こし、中国各地を軍事制圧した。これを放置できないと考えた、アメリカ、イギリスとの対立が深まった。

日本は、明治以来の近代化によって、工業力を育て、東アジアで独自の軍事行動を起こすことができる、海軍と陸軍をもっていた。これに歯止めをかけることができるのは、ソ連の陸軍と、アメリカの海軍だった。ソ連もアメリカも、中国が日本に呑み込まれるのを阻止しなければならないという、強い動機をもっていた。日本は東アジアに、ソ連やアメリカなど諸外国に口出しされない、自分の都合のよい状態（当時の言い方は、「東亜新秩序」）を築くのだと主張した。

東アジアで第二次世界大戦は、実質的に、一九三七年に始まっていたとも言える。

電撃作戦

第二次世界大戦の開戦に至る経緯（日独伊三国同盟の締結、独ソ不可侵条約、などを含む複雑な外交のかけひき）については、詳しい本をみてほしい。

開戦の初期に、めざましい戦果をあげ、人びとを驚かせたのは、ドイツの「電撃作戦」だった。

電撃作戦を編み出したのは、ドイツの軍人ハインツ・グデーリアン（一八八八－一九五四）である。

＊

グデーリアンは、第一次世界大戦に参加。敗戦後もドイツ軍に残り、戦術を研究した。リデル・ハートの著作にも影響を受けている。

彼は、戦車の特徴に注目した。戦車の装甲は、歩兵の銃撃には強い。対戦車の砲火

グデーリアン

をかいくぐり、敵陣の弱い部分を突破して、後方に進攻し、指揮機能や連絡線を遮断すれば、敵軍をマヒ状態に陥らせることができる。そのためには、戦車隊を先頭に、機械化された歩兵師団が続き、掩護の砲撃の代わりに急降下爆撃機が目標を爆破する。

グデーリアンがこの戦術を具申すると、ヒトラーは彼を責任者にした。これまでの常識に縛られた頭の硬い参謀たちは、黙るしかなかった。グデーリアンの機甲師団は、ポーランド戦線でも、フランス戦線でも、めざましい戦果をあげた。

＊

敵の主力と正面からぶつかるのではなく、弱い部分を突いて予想外の運動をし、心理的にもうだめだと、敵に思わせる。間接アプローチ戦略の考え方そのものである。前線が膠着して苦しんだ、第一次世界大戦の二の舞を避けるための作戦だ。

機動部隊

海軍でも、機動部隊が主力になった。

機動部隊とは、航空母艦を主体とする艦隊である。

航空母艦は、艦載機が敵艦隊を、魚雷や装甲弾で攻撃できる。艦載機の航続距離は、戦艦の大砲の射程よりもずっと長い。ゆえに戦艦に対して、アウトレンジ戦法をとることができる。敵の航空母艦から味方の艦隊を守るには、味方の航空母艦の艦載機が、艦隊の上空を飛び回って護衛する必要がある。航空母艦が実戦に登場した時点で、戦艦は時代おくれになったのだ。

＊

日本の真珠湾攻撃は、航空母艦を中心とする機動部隊の艦載機が、停泊中のアメリカ艦隊を襲撃した、奇襲攻撃だった。戦艦はなすすべもなく、破壊されてしまった。真珠湾にいなかったアメリカの空母群は翌年、日本の機動部隊と、ミッドウェー沖海戦で激突した。史上初めての、機動部隊同士の決戦である。この結果、日本は主力空母を失い、以後二度と制海権を取り戻すことはなかった。制空権も失い、航空機の掩護がなくなって、日本の戦艦や巡洋艦はつぎつぎ沈められて行った。

無差別爆撃

航空機が戦力に加わることで、戦争がまったく別のものになった。前線と後方の区別がなくなった。

第一次世界大戦は、総力戦であった。それでも、前線と後方の区別があった。射程が一〇〇キロを超える長距離砲（パリ砲）が造られたが、戦況を左右することはなかった。

航空機は、前線を飛び越え、相手国の主要部に侵入できる。爆撃機は爆弾を投下し、目標を破壊できる。これを防ぐには、高射砲で撃ち落とすか、防御のための戦闘機で待ち構え、迎撃するしかなかった。

＊

前線の軍隊は、後方の兵站や、工業施設に依存している。これらを攻撃すれば、敵国の戦争遂行能力を奪うことができる。このための爆撃を、戦略爆撃という。

戦略爆撃の目標として選ばれるのは、鉄道や道路や港湾や橋梁などの輸送施設、飛行場や高射砲陣地、軍需工場、軍用施設などである。総力戦の態勢では、軍需工場と民間工場は、区別がない。また、特に都市部では、軍用施設と民間施設は、混在している。民間人の巻き添え被害（collateral damage）を避けることができない。それを承知のうえで、都市部を絨毯（じゅうたん）爆撃するのが、無差別爆撃である。

重慶爆撃

ロンドン空襲やドレスデン空襲など、無差別爆撃は、ヨーロッパで行なわれた。アメリカ軍が日本で行なった空襲は、さらに徹底的だった。高射砲や戦闘機が迎撃しにくい高高度から、B29が焼夷弾を投下する。日本の主要都市は、一九四五年になると、ほとんど焼け野原になった。民間人にも多くの死傷者が出た。木造家屋が密集した大都市は、空襲に対して脆弱である。

*

大都市の無差別爆撃は、違法ではないのか。

民間人を意図的に殺傷する行為は、戦時国際法に違反する。（戦時国際法については、章を改めてのべよう。）（第一二章）

大空襲後の東京

だが、かりに戦時国際法に違反する行為であっても、相手国が先にそれを行なった場合には、報復として、同様の行為が許されるべきだ、という法理もある。アメリカの日本空襲は、この論理によって正当化されるように思われる。

＊

日華事変のさなか、日本軍は中華民国の首都南京を攻略した。蔣介石は武漢に、そして重慶に、首都を移して抗戦した。重慶は四川省の、揚子江上流域にあり、攻略することがむずかしい。そこで陸海軍の爆撃機が、重慶を爆撃した。重慶は崖のうえに建った町だが、崖のあちこちに横穴が残っている。日本の空襲にそなえて、当時掘られたものだという。

日本軍は、重慶に、無差別爆撃を加えた。またのちに、オーストラリアの都市（アデレードなど）にも、無差別爆撃を加えた。規模は小さいとしても、日本が先に、無差別爆撃を加えたことに間違いない。連合軍が、その報復に、日本の大都市に無差別爆撃を加えたという理屈である。

どういう戦略的価値があるかも疑わしい爆撃を、戦術的に可能だからと実施してしまった日本軍の認識の甘さを、実に残念に思う。無差別爆撃が戦時国際法に違反することを真剣に認識せず、報復によって日本の大都市が灰塵（かいじん）に帰する可能性にも思い及ばなかったのだとしたら、軍人として失格である。

日本が無差別爆撃をしなかったとしても、日本の都市は連合軍にやはり爆撃されたであろう。だがそれは、また別の話だ。

V2号ロケット

爆撃機は迎撃されるおそれがある。ロケットなら、もっと高速で飛行するから、迎撃されないのではないか。

ドイツ陸軍は、ヴェルナー・フォン・ブラウン博士を中心に、V2号ロケットの開発を進めた。V2号は、液体燃料・液体酸素を燃焼させて推進する本格的なロケットで、最新技術の塊(かたま)りであった。

ドイツV2ロケット（1943年）

ちなみに、V1号というのもある。これは、空軍が開発した、ジェットエンジンで推進する飛行体である。V2号は、空気中の酸素を燃焼に用いないので、原理的には、宇宙空間を飛行することもできる。

＊

弾道飛行をするものをロケット、目標に向けて制御された軌道を飛ぶものをミサイル、という。V2号ロケットは、初歩的な誘導装置とも言えないものがついていただけで、実戦で使われたが、目標に命中するまでの性能はなかった。

しかし、V2号ロケットの将来性は大きい。アメリカもソ連も、そのことはよくわかっていて、技術の争奪戦になった。フォン・ブラウン博士は、大勢の部下やV2号の部品とともに、アメリカ軍に投降し、アメリカに渡って、アメリカの宇宙開発や戦略ミサイル開発の中心となった。

原爆開発

第二次世界大戦の終わりを飾るのが、原爆である。

核分裂性物質の核分裂が連鎖反応を起こし、爆発的に大量のエネルギーを放出して、爆弾となりうるという原爆の原理は、一九三九年までには知られていた。アメリカは、科学者からの警告によって、ドイツが原爆製造に成功することを恐れ、一九四二年、原爆開発計画をスタートさせた。これをマンハッタン計画という。巨費を投じ極秘に進められた原爆開発は、ドイツが降伏しても続けられ、一九四五年七月一六日、ニューメキシコ州の実験場で、初の原爆実験に成功した。広島に八月六日、長崎に八月九日、原爆が投下されたのは、実験からわずか数週間後のことだった。

*

原爆は、その強烈な破壊力のため、これまでの兵器とは異次元の、最終兵器とみなされた。広島や長崎が、前線から遠く離れた後方の大都市であることからもわかるように、原爆は、無差別爆撃の究極のかたちである。

アメリカは、戦後しばらくのあいだ、唯一の原爆保有国であったが、ソ連も原爆を開発するのは時間の問題だった。ソ連は超特急で開発を進め、一九四九年八月に、原爆実験に成功する。

ナチス・ドイツという共通の敵がいなくなったあと、アメリカとソ連が、原爆を手に臨戦態勢でにらみ合う、冷戦の時代が始まった。

戦争の終わりと国連

少し時間を戻って、第二次世界大戦の終結までの動きをまとめておこう。

ナチス・ドイツは、フランスを降伏させたあと、イギリスを攻略しようとしたが、制空権を奪うことができなかった。もともとドイツの海軍は弱体である。ドーバー海峡が立ちはだかった。そこで方向を転じ、一九四一年六月、不可侵条約を無視して、ソ連に侵攻する。ヒトラーは短期間でソ連を攻略できると予想していた。ソ連は大きな損害を被りながらも、もちこたえ、反撃に転ずる。連合軍は一九四四年六月、ノルマンディーに上陸、進撃を続けた。追い詰められたヒトラーは一九四五年四月にベルリンで自殺、ドイツは崩壊する。

＊

日本は、一九四一年一二月に、真珠湾を攻撃して英米と開戦。三国同盟の義務にもとづいて、ドイツもアメリカに宣戦した。開戦からしばらくの間、日本は香港、フィリピン、シンガポール、インドネシアなどを占領し、攻勢を続けたが、ガダルカナル島の戦いで敗北してから守勢に回る。アメリカ軍はつぎつぎに太平洋の島々を占領し、一九四五年二月に硫黄島、三月に沖縄に上陸。主要都市は空襲で破壊され、日本は戦争継続の能力を失って行った。八月には、広島、長崎に原爆が投下され、ソ連も参戦したので、ポツダム宣言を受諾し、無条件降伏する。

＊

枢軸国（ドイツ、イタリア、日本）と戦った連合国（ユナイテッド・ネイションズ）は戦後、国際連合（ユナイテッド・ネイションズ）という国際平和機関に衣替えした。（中国語では国際連合といわずに「聯合国」というのは、正しい訳語である。）

国連は、第一次世界大戦のあとの平和機関である、国際連盟（リーグ・オブ・ネイションズ）が機能しなかったのを教訓に、安全保障理事会に大きな権限を与えている。安全保障理事会は、国連軍（連合国軍）の軍事指揮権をもつ。安全保障理事会の五つの常任理事国（アメリカ、ソ連、イギリス、フランス、中国）は、拒否権をもつ。実質的には、五カ国の集団指導である。ゆえに、国連総会にはほとんどなんの権限もない。

ソ連が解体したあとは、ロシアがそのポストを引き継ぎ、中国のポストは中華民国から中華人民共和国に交替した。

＊

冷戦が始まると、国連は、平和機関としては機能しなくなり、アメリカとソ連の力の均衡が、世界の秩序の根本になった。原爆が、この状態を生み出したのである。

核兵器はどういう兵器か

原爆に続いて、水爆実験も成功した。

原爆は、ウラニウムやプルトニウムの核分裂反応による爆弾だが、水爆は、重水素の核融合反応による爆弾である。水爆は、原爆よりさらにケタ違いの爆発力をもっている。

原爆や水爆は、小型化されて、運搬しやすくなった。目標地点に運搬されて爆発させるので、兵器になる。核兵器である。

最初、核爆弾は、爆撃機で相手国に運搬し、爆発させることになっていた。この爆撃機は、航続距離が長くなければならない。B52戦略爆撃機である。

やがて、誘導ミサイルが開発された。ICBM（大陸間弾道弾）である。発射基地から核弾頭をつけたミサイルが発射され、北極を飛び越えて、三〇分かそこらで相手国の戦略目標に到達し爆発する。核爆弾は、破壊力が大きいので、目標ぴったりに落下しなくてもよい。

＊

戦略目標を攻撃して、戦争を決着するのが、戦略核兵器である。戦略目標とは、敵の核ミサイル発射基地、軍事基地、さらには、政府中枢、大都市、工業地帯、などである。

これに対して、戦術核兵器もある。戦術核兵器は、近距離ミサイルや大砲などに小型核弾頭を装着して、敵を攻撃する。目標は、集結している敵の地上兵力。戦車隊。敵艦隊。後方の指令系統など。

＊

核兵器は、その破壊力に比して、安上がりである。敵の一〇個師団に対抗するには、味方も一〇個師団かそれ以上の兵力が必要だ。相当の損害も覚悟しなければならない。

しかし核兵器なら、敵の一〇個師団を、スイッチひとつで壊滅させることができる。通常戦力よりも安上がりで、同じかそれ以上の効果があるとすれば、核兵器を保有したいという誘惑がうまれる。そうやって核保有国が増えていくのが、核拡散である。

MAD

米ソが核武装し、核戦争が可能になった。

しかし、核戦争は起こらなかった。それは、どういうメカニズムによるのか。

MAD（mutual assured destruction ＝相互確証破壊）が、そのメカニズムだ。

＊

核兵器による先制攻撃がありうるだろうか。ある日気がついたら、核戦争が始まっていて、敵国の核兵器が味方のミサイル基地を、すべて破壊してしまった。敵国が勝利を収め、世界を支配する。こんなことがあるだろうか。

あるかもしれない。だから、それを防ぐためには、敵の先制攻撃によって、味方のミサイルが完全に破壊されることがないようにすればよい。秘密のミサイル基地をつくる。戦略爆撃機に核ミサイルを積んで、つねに上空を飛び回らせておく。潜水艦に核ミサイルを載せてあちこちに潜らせておく。列車やトラックに、核ミサイルを載せて、いつも移動させておく。

こうして、核ミサイルの大部分が最初の一撃で破壊されてしまっても、残りのミサイルが反撃して、相手国を壊滅させることができればよい。双方が徹底的に破壊されて、引き分けである。勝てないとわかっていれば、先制攻撃を思いとどまるだろう。これが、ＭＡＤのメカニズムだ。

*

こうして米ソ両国は、それぞれ、人類を何十回も全滅させられるだけの大量の核兵器を手に、にらみ合うことになった。これが、冷戦である。

核戦争は、世界最終戦争である。ゆえに、核兵器は、使えない兵器になった。

核の傘

アメリカ、ソ連に続いて、イギリス、フランス。そして、中ソ対立で戦争の危険があった中国も、一九六四年に核実験に成功し、核保有国となった。

核保有国が増えると、偶発的な核戦争の危険が増す。また、すでに核兵器を保有している国の政治力が相対的に低下する。これ以上の核保有国が増えないように歯止めをかけるのが、核保有国の利益になる。

冷戦下、米ソは、同盟関係にある国々が、核攻撃を受けた場合には、自国が攻撃されたとみなして、核兵器によって報復攻撃を行なう、と保障した。「核の傘」である。「核の傘」とは、核攻撃の脅威に対する、集団的自衛権にほかならない。

＊

小国はそもそも、通常戦力も大きな力を持てない。まして、核兵器で攻撃されたら、ひとたまりもない。ゆえに核保有国の、圧力にさらされることになる。そこで、同盟国が手をさしのべる。核攻撃に対しては核兵器で反撃するから、安心しなさい。核兵器の圧力を恐れる必要はない。安心してよいのです、と。

この論理で、ヨーロッパには、北大西洋条約機構（NATO）、ワルシャワ条約機構ができた。アメリカとソ連が、核の傘を提供し、それぞれの傘のもとで、西側の自由主義諸国、東側の社会主義諸国が守られている。（守られているとは、支配されている、という意味でもある。）

アジアには、こうした集団的な枠組みはできなかった。かわりに、日本、台湾、韓国はアメリカと個別の安全保障条約を結んだ。北朝鮮は、ソ連が解体し安全保障があてにならなくなると、原爆の開発を始め、核保有国になった。

安全保障をひと頼みにできず、自分で身を守るしかない小国は、核開発を選ぶ。イスラエル、パキスタン、インド、イラン。核物質や核技術を裏で融通する、闇ネットワークができている。

核軍縮

アメリカとソ連は、核軍縮の交渉を行なった。SALT (Strategic Arms Limitation Talks =戦略兵器制限交渉) である。

その目的は、核関連の費用を圧縮すること、核戦力のバランスを維持すること、ABM(迎撃ミサイル) や多核弾頭などの新技術が現状を崩さないようにすること、だった。

核軍縮は、核兵器による戦争の抑止効果をいっそう確実にするためのもので、MADのロジックにもとづく。核兵器廃絶や反核といった考え方とはまるで異なる。SALTは、SALTⅠとSALTⅡの二回行なわれた。後者は、START (戦略兵器削減条約) に引き継がれた。

＊

米ソは、INF条約 (Intermediate-Range Nuclear Forces Treaty =中距離核ミサイル全廃条約) にも調印している (一九八七年)。中距離ミサイルとは、NATOとワルシャワ条約機構が、互いを射程に収めるようなミサイルである。

ことの起こりは、一九七五年、ソ連がSS-20ミサイルを、東ヨーロッパに配備したことだった。従来のミサイルより性能がよく、機動性もある。アメリカは対抗して、パーシング・ミサイルの配備を進めた。ここでヨーロッパにつぎのような疑念が持ち上がった。ソ連が西ヨーロッパを核攻撃した場合、果たしてアメリカは、核兵器で報復するだろうか。核で報復すれば、今度はソ連がアメリカ大陸を核攻撃して、ワシントンもニューヨークも地図から消えてしまう。それはしのびないと、核のボタンを押さないのではないか。

同盟国が核攻撃されたとしても、アメリカ本土が核攻撃されない限り、アメリカは核のボタンを押さないかもしれない。——これは、核の傘につきまとう不安である。そもそも中距離ミサイルを全廃してしまえば、同盟国のこの種の不安をなだめなくてよくなる。

*

八〇年代、こうした核戦略の脅威を背景に、ヨーロッパでは反核運動が盛り上がった。よく考えてみると、日本も同じである。日本には多くの米軍基地がある。核攻撃される可能性が高い。日本にも大きな被害が及ぶだろう。そうしたとき、アメリカは核兵器で反撃するだろうか。日米安保条約は機能するだろうか。

北朝鮮は、原爆と、ノドン、テポドンを保有している。ノドンは中距離ミサイル。改良テポドンは、アメリカ全土をそろそろ射程に収めようとしている。北朝鮮がアメリカ大陸を核攻撃する能力をもったとたんに、ヨーロッパで八〇年代に起こったと同じ問題が起こる。だが、このことに気づいている人びとは少ない。

どういうことか。北朝鮮が、日本を核攻撃するかもと脅せば、それが日米安保条約に対する疑念をうみ、政治的効果をもってしまうということだ。日本人のあいだに、八〇年代のヨーロッパと同じような強い反核感情が広がるかもしれないが、この感情は、日本も核武装して安全を守ろうという防衛的な感情と根が同じであることに注意しよう。

スターウォーズ計画

レーガン大統領は、ソ連を「悪の帝国」とよび、冷戦は「不道徳」だと言った。不道徳とは、頭上のダモクレスの剣（ＭＡＤのこと）におびえつつ、平和なふりをして生活しなければならない、という意味である。そして、軍拡と新兵器の開発を宣言した。スターウォーズ計画である。

＊

時代は、ちょうどＩＴ革命が立ち上がるところで、産業や兵器のシステムがめまぐるしく更新されつつあった。ＩＴは、民生用の大きな市場があって、はじめて発展する。計画経済で国営企業中心、重工業重視のソ連は、ＩＴで西側諸国にひき離されつつあった。これが直接、通常戦力、核戦力の弱体化につながる。

宇宙空間でＩＣＢＭを撃ち落とすという、スターウォーズ計画は、レーガン大統領のハッタリだったろう。しかし、ソ連には、それがずしりと響いた。アメリカを追いかけて膨大な軍事支出に耐え続けるか、それとも、米ソ超大国の一方の座からすべり落ちるか、を迫られたのである。

INF条約に調印する
レーガン（右）とゴルバチョフ（左）

＊

ゴルバチョフは、そこに登場した転換期の政治家だった。彼は、共産主義のドグマが間違いだったと認め、共産党の締めつけをなくし、政治の自由化を推し進めた。その結果、ソ連は解体し、ロシアや、ウクライナやベラルーシや、いくつもの共和国に分裂した。東欧諸国も自由主義に変わった。経済は混乱した。それでも、内乱にもならず、最低限の混乱で収まって、イデオロギー国家だったソ連が、ふつうの国々として再出発できたのは、ゴルバチョフやエリツィンや、共産党政権の醜い裏側をいやというほど見てきたソ連の政治家と民衆の、叡知のたまものである。

核拡散防止

ソ連の核は、ロシアが引き継ぐことになった。

実は、ウクライナなどにも、核兵器や核関係の施設があったと思われる。恐らくアメリカがウクライナの安全保障に責任をもつという言質(げんち)とひきかえに、核兵器はロシアにまとめられることになった。

＊

現在の世界は、核については、冷戦体制から、NPT体制に移行している。

ＮＰＴは、核拡散防止条約(Treaty on the Non-Proliferation of Nuclear Weapons)のこと。一九六三年に国連で採択され、一九六八年に調印、一九七〇年に発効した。はじめは、冷戦体制に付随する精神規定のような感じであったが、いまは実効規定の性格をそなえている。なかみは、五つの核兵器国(アメリカ、イギリス、フランス、ロシア、中国）以外の国々は、非核兵器国であって、核兵器の製造と取得を禁止する、というもの。その保証のため、ＩＡＥＡ（国際原子力機関）の立入検査を受けなければならない。

インド、パキスタン、イスラエルはＮＰＴに加盟していない。北朝鮮は、脱退した。

非核三原則

日本のいわゆる「非核三原則」についても、触れておこう。

「非核三原則」は一九六七年、佐藤栄作首相が国会で表明したもの。核兵器を、「持たず、作らず、持ち込ませず」という原則だ。「持たず、作らず」の二つは、ＮＰＴ条約に合致している。最後の「持ち込ませず」は、ＮＰＴ条約にない、独自の条件である。

＊

日本に寄港する原子力潜水艦や原子力空母が、核弾頭を積んでいるのは、あまりにも明らかである。これは、軍事常識だ。原子力潜水艦は、相手国の核先制攻撃にそなえて、反撃用の核ミサイルを搭載し、居場所をくらませて海中を遊弋（ゆうよく）するのが使命なのだから。

これを政府にただすと、「事前協議の制度があって、アメリカが通告することになっています。通告がないのですから、核兵器の持ち込みはありません」と答弁する。政府は持ち込みを黙認している、ということである。

＊

核兵器を持ち込ませるな、と主張する人びとが、横須賀や佐世保の基地に集まり、意思表示をする。だがこの主張は、現実的でない。日本の安全保障は、現にアメリカに頼っている。アメリカの核の傘が機能するのは、アメリカ軍が自由に核兵器を使用できるからである。それは日本に核兵器を「持ち込む」ことを含む。それはＮＰＴ条約が、そして世界の常識が、認めることである。もしも「持ち込む」ことを拒否すれば、日米安保条約をやめるしかない。そうなれば、北朝鮮の例でもわかるように、日本人は核武装を選ぶことになるだろう。

佐藤栄作

核抜き、本土並み

佐藤栄作首相は、沖縄の施政権返還をアメリカと交渉し、実現させたというので、ノーベル平和賞を受賞した。その合い言葉が、「核抜き、本土並み」である。

沖縄は、一九四五年三月からの沖縄戦ののち、アメリカ軍に単独占領された。日本の固有の領土で占領されたのは、（硫黄島、小笠原諸島を除けば）沖縄だけである。日本は、ポツダム宣言を受諾し、一九四五年九月二日に戦艦ミズーリ号上で降伏文書に調印した。このあと日本は、連合軍に保障占領されるが、沖縄はその範囲に入っていない。従ってサンフランシスコ講和条約で保障占領が解除され、日本が独立したときにも、沖縄の施政権はアメリカが保持したままだった。

この間、アメリカは沖縄に、米軍基地を多く設けた。核兵器も配備されていただろう。その核兵器を、返還に先立って、沖縄の外に移設するのが、交渉のなかみだった。沖縄から核兵器が除去されたことを、中国は評価したに違いない。米中関係改善に向けた、サインのひとつになったと思われる。

原爆は平和をもたらした

広島、長崎への原爆投下は、正当化できるものなのか。

アメリカ政府は、それが、多くの人命を救った、と説明する。日本が降伏せず、上陸作戦が実施されていれば、五〇万人のアメリカ兵が戦死したろう。日本側の被害は、それに数倍する。日本は、本土決戦を叫んでいたのだから、これは一理ある説明である。

＊

原爆投下へのスケジュールを見てみると、ニューメキシコの砂漠での実験成功が七月一六日なので、大急ぎである。どうしても実戦で、原爆を使用したいとアメリカは考えたのである。戦後の主導権を握りたい、核兵器の威力を見せつけて戦争を抑止したい、などと思ったのかもしれない。

ではもし、原爆の開発がもう少し遅れたか、日本の降伏がもう少し早かったかして、日本に原爆が投下されなかったとしたら、どうなっただろうか。

＊

ソ連は、やはり戦後数年以内に、原爆を完成させたろう。

米ソの対立は深まり、軍事的緊張が高まったろう。

第三次世界大戦が戦われる可能性があった。

矛盾が集中しているのはヨーロッパ、そして東アジアである。そこで主戦場も、ヨーロッパと東アジアになるだろう。（東アジアでは、現に、国共内戦と朝鮮戦争が起こったことを、思い出してほしい。）

戦争は、通常戦力を用いて始まる。アメリカは、総合力でソ連より優位だとしても、前線から遠いので、ヨーロッパでもアジアでも、ソ連が優勢になるかもしれない。いずれにせよ劣勢になった側に、原爆を使用して局面を打開しようという、誘因が生まれる。(現にマッカーサー元帥は、朝鮮戦争で、原爆を使用すべきだと提案した。)そして、広島、長崎の例が知られていなければ、原爆が実戦で使われた可能性が高い。

第三次世界大戦

はじめ、劣勢を挽回するため、戦術核爆弾が一回使われる。

すると、報復に、戦術核爆弾が、一個ないし数個、使われる。

すると、さらにその報復に、戦術核爆弾が、数個使われる。戦略核爆弾が使われるかもしれない。

そのあとは、ありったけの核爆弾を、互いに撃ち合う本格的核戦争になる。

この最後の段階まで行けば、人類は地上からほぼ消滅してしまうことになる。

最後の段階の手前で、停戦が成立し、かろうじて踏みとどまることができたとしても、その惨禍は広島、長崎をはるかに上回る規模になるだろう。たとえば、朝鮮半島に一発、日本に一発、ヨーロッパに数発、アメリカに数発、ソ連に数発、といった具合だ。状況次第では、日本が地図から消えてしまう可能性だってあった。

第三次世界大戦は、もし起これば、そういうものになった。

それが起こらなかったのはなぜか。アメリカとソ連が、冷静に合理的に行動したからである。

*

核兵器は、あまりにも破壊力が大きい。攻撃兵器ではなくて、防御兵器である。核兵器は先制使用しない。しかし、もしも相手が先制使用したら、核兵器による報復をためらわない。アメリカもソ連も、国民をもち、国民の、生命と安全と福祉に責任をもっている。数億の国民を危険にさらすわけにはいかない。ゆえに、核による先制攻撃はもちろん、核戦争に結びつく可能性のある、通常兵器による戦争も思いとどまる。こういう「良識」がはたらいた。

通常兵器による戦争（熱戦）が不可能だから、「冷戦」になった。冷戦は、総力戦一歩手前の、戦争準備状態である。でも、戦争ではないから、平和ではある。

*

こうして、第二次世界大戦が終わってからおよそ半世紀にわたり、世界はおおむね平和だった。その間、人びとは経済を発展させ、豊かな社会を築くことができた。この幸せに感謝しなければならない。

この平和の基礎はなにかと言えば、広島、長崎で惨禍をなめた、数十万の人びとの犠牲である。これらの人びとの悲惨な状況を、世界が知ることができたから、核戦争は食い止められた。原爆で生命を奪われた人びとは、多くの、多くの人びとの生命を救ったのである。

このように考えるなら、広島の碑にある「安らかに眠ってください、過ちは繰り返しませんから」という言い方は、とてもよくない。この言い方では、原爆の犠牲者は、間違って死んだという意味になってしまう。生き残った者に、このような傲慢（ごうまん）な言葉をのべる権利はない。「皆さんの犠牲があって、わたしたちは生きていられます。感謝します、忘れません」でなければならない。

第一一章　奇妙な日本軍

奇妙な戦争

一九四一年に始まる日本の対米英戦争は、奇妙な戦争である。(この戦争は当時、「大東亜戦争」といわれた。「大」東亜(=東アジア)というのは、作戦地域にインドネシアを含むので、東アジアより広いからである。アメリカはこれを「太平洋戦争」とよんだ。いずれにせよ、第二次世界大戦の一部である。)

日本は、アメリカに勝てないとわかっていた。わかっていながら、開戦した。どのように戦争を終わらせるかについて、シナリオがなかった。おまけに、陸軍と海軍との戦略の調整もはかられていなかった。

＊

世の中には、軍国主義なるものがある。軍隊を強くして、戦争に勝ち、自国の主張を通そうとする。戦争に勝てるときに戦争をし、戦争に負けるときには戦争をしない。戦争に負けてしまっては、自国の主張を通せないからである。

日本は勝てないのに、戦争をした。こういうものを、軍国主義とはいわないのだ。

総力戦研究所

日本は、対米戦争の行方をどのように予想していたのか。

一九四一年、内閣のもとに総力戦研究所が設けられて、対米開戦のシミュレーションをした。陸海軍や政府はもちろん、民間企業や銀行からも若手の優秀な人材が集まった。検討の結果は、どう転んでも日本は敗れる、というものだった。総力戦研究所を取材して掘り起こした猪瀬直樹氏の『昭和16年夏の敗戦』(二〇一〇年中公文庫、初版は一九八三年世界文化社)にもとづいて、その内容をおさらいしておきたい。

＊

総力戦研究所は、一九四〇(昭和一五)年八月の閣議で、内閣に設置することが決まった、シンクタンクのようなものである。ヨーロッパの第二次世界大戦と支那事変を《全面的国家総力戦》と位置づけ、《研究員は差当り文武官及民間より簡抜したる若干名を以て之に充て其の教育期間は概ね一年とする》(50f)ものであった。

飯村穣

翌一九四一年四月一日、飯村穣(じょう)所長(陸軍中将)のもと、陸海軍、満洲国国務院、朝鮮総督府、内務省、日本銀行、日本郵船などから三六名(平均年齢三三歳)が集められ、活動がスタートした。七月一二日には「第一回総力戦机上演習第二期演習状況及課題」が、研究生に示された。そのなかみは、研究生三六名は内閣総理大臣以下の役職を分担して青国政府（模擬内閣）を組織し、日米戦争を遂行せよ、というものだった。

近衛内閣・対・模擬内閣

模擬内閣は、一カ月あまりで結論をまとめ、八月二七日、その結果を首相官邸で、近衛内閣の閣僚たちに報告した。その報告は、データに裏付けされた、綿密かつ詳細なものだった。そして驚くべきことに、その後の実際の、大東亜戦争の大筋と酷似していた。《一二月中旬、奇襲作戦を敢行し、成功しても緒戦の勝利は見込まれるが、しかし、物量において劣勢な日本の勝機はない。戦争は長期戦になり、結局ソ連の参戦を迎え、日本は敗れる。…》（82 f）

*

研究員は、それぞれの分野のスペシャリストである。それを持ち寄って、日本が直面する戦争の大きな図柄を描き出した。

たとえば、海上輸送については、こんな具合だ。インドネシアの油田地帯を、開戦早々に無傷でおさえることができたとして、その資源を日本に運ぶことができるか。《「ロイズ・レジスター統計」をもとに前田が計算したところ、日米戦に突入した場合の船舶消耗量は毎月一〇万トンであった。年に一二〇万トン。…造船能力は多く見積もっても月五万トン。年に六〇万トン。消耗量を相殺しても、毎年六〇万トンは減っていく。三年で、(商船総船腹量三〇〇万トンの)三分の二が沈んでしまう。…とても長期戦には耐えられるはずがない。》(149)

実際はどうだったか。《『日本商船隊戦時遭難史』(昭和三七年刊)によると、昭和一七年度八九万トン、昭和一八年度一六七万トンの船が沈められた。…前田の予想した数字とほぼ同じだった。なお一九年度は三六九万トンで、日本商船隊は全滅している。》(150)

こうしてさまざまな分野のデータを突き合わせて机上演習を進めてみた結果は、現実の大東亜戦争の推移と驚くほど似通っていた。唯一、予想できなかったのは、原爆の投下だった。

東條陸相のコメント

模擬内閣の報告が終わると、克明にメモを取っていた東條英機陸相がこう言った。

《「諸君の研究の労を多とするが、これはあくまでも机上の演習でありまして実際の戦争というものは、君たちの考えているようなものではないのであります。…戦というものは、計画通りにいかない。意外裡なことが勝利につながっていく。…なお、この机上演習の経緯を、諸君は軽はずみに口外してはならぬということでありますッ。」》(194 f)

ある研究員は、あとで解説して言った。《「東條さんの考えている実際の戦況は、われわれの演習と相当近いものだったんじゃないのかい。じゃなければ、〝口外するな〟なんて言わないよ。」》(194)

東條英機

＊

誰もがみな、日本が負けるだろうとうすうすわかっていた。しかし、「戦争をしない」という選択ができなかった。これが奇妙でなくて、なんだろうか。

奇妙な日本軍

軍も政府も、日本の首脳は、合理的に行動しない。

だが、首脳だけでなくて、現場の部隊も、指揮官も、兵士も、合理的に行動しない。

＊

ほかの国の軍隊にはなくて、日本にだけある現象は、つぎのものが有名だろう。

——カミカゼ（神風特別攻撃隊）。

——バンザイ突撃（玉砕）。

兵士たちは、死を恐れない。降伏しない。ゆえに、日本の軍隊はとても強い。規律が崩壊しても当然な状況で、なお規律を保っている。しかし、日本の軍隊はとても弱い。なぜなら、戦争の原則、戦場の法則を無視して行動し、勝つための手順を踏むことをしないからである。

任務としての戦闘

近代的な軍隊の兵士は、法律にもとづいて兵籍に編入され、戦闘員となり、命令され任務を与えられて、職務として戦闘を行なう。その職務は、市民の誇りある義務である。相手を殺傷するとしても、それは、必要である場合、そしてルールにもとづいている場合にだけ、可能である。

任務は、生還を前提とする。生還がまったく見込めない任務（自殺行為）を命ずることはできない。また、戦闘員は、戦闘を続けられない状況になれば、降伏して捕虜となる権利をもっている。自殺（玉砕）することは考えられない。

ではなぜ、近代的な軍隊の兵士には考えられないことが、日本軍では起こるのか。

軍人勅諭

ひとつの理由は、日本の軍隊が、天皇の軍隊であることだ。

大日本帝国憲法が発布される前、一八八二（明治一五）年に、天皇が陸海軍の軍人に下賜するかたちで、「軍人勅諭」が与えられた。天皇を大元帥と位置づけ、将兵は天皇に対する忠誠を義務づけられた。

「軍人勅諭」が憲法に先立つ点が、重要である。憲法がまだない段階の天皇は、憲法のもとにある国家機関だとは言えないので、天皇の陸海軍に対する軍事指揮権（統帥権）は超憲法的である、との意味合いをもつことになった。

*

軍人の忠誠の対象が、国家であり憲法であることは、軍隊が近代的であるために、重要である。忠誠の対象が、君主である場合には、軍が国家や憲法と無関係に、あるいは矛盾して、行動する可能性がうまれる。

プロイセン軍は、国王に忠誠を誓う決まりであった。シャルンホルストら改革派の軍人は、これを国家に対する忠誠に改めるよう、運動した。ソ連の赤軍は、共産党の指揮に従う。中国の人民解放軍は、中国共産党（の軍事委員会主席）の指揮に従う。こうした体制は、立憲制と相容れない。

戦陣訓

「軍人勅諭」を、陸軍の兵士は丸暗記することになっていた。陸軍は、天皇の軍隊であることが叩き込まれた。

支那事変が起こると、中国での、日本兵の軍紀の乱れが問題となった。そこで定められたのが、「戦陣訓」である。一九四一（昭和一六）年一月に、陸軍省が制定した。軍人の従うべき原則を項目別にのべている。

つぎの、「本訓　其の二」「第八　名を惜しむ」が有名である。《恥を知る者は強し。常に郷党家門の面目を思ひ、愈々奮励してその期待に答ふべし、生きて虜囚の辱を受けず、死して罪禍の汚名を残すこと勿れ。》

この、《生きて虜囚の辱を受けず》の条項のゆえに、投降して捕虜になることができないで自決した、とも言うが、「戦陣訓」よりもっと前から、日本の軍隊は捕虜になることを想定しておらず、むしろ自決すべきだという教育をしていた。たとえば日清戦争の際、清国側の捕虜の扱いがひどいので、むしろ死んだほうがよいと、山縣有朋が指導した。捕虜になるならむしろ自決しなさい、は日本軍の伝統だった。

ローカルルール

陸軍の首脳三名の非公式会合である「三長官会議」が、大きな権力をもつ（たとえば、陸軍大臣候補者を推薦せず、組閣を妨害する）ことがあった。三長官とは、陸軍大臣、参謀総長、教育総監である。

このうち教育総監は、将兵の教育に責任をもった。日本の軍人がどのように行動するかの、規準を与えた。そのもとになるのは、「軍人勅諭」や「戦陣訓」の考え方である。

＊

「軍人勅諭」や「戦陣訓」の問題点は、それが、日本でしか通用しない、ローカルルールでできていることである。

近代的な軍隊は、国際的な取り決めに従って、戦争を行なう。外国と戦うのだから、外国とルールが共通でなければならない。戦時国際法については、章を改めて論じるが、ハーグ陸戦法規やジュネーブ条約は、戦闘員や、民間人にも、戦時国際法についてきちんと教育を行なうように義務づけている。日本はこの義務を怠ったばかりか、積極的にそれとは違ったルールを教育したのである。

＊

戦時国際法によれば、捕虜になることは、軍人の権利である。不名誉なことではない。捕虜交換を通じて、あるいは収容所から脱走して、自軍に復帰、戦闘を継続することもできる。

捕虜になるのが不名誉であれば、捕虜になることができない。それなら、自決するしかない。中国人はこんな戦い方はしない。「人固有一死或重於泰山或輕於鴻毛」（人固より一死有れども、或いは泰山より重く或いは鴻毛より輕し）、司馬遷の言葉と伝わる。人間はいずれ死ぬものだが、有意義な死に方もあれば無駄死にもある。だからよく考えて、政治的戦略的に、立派に死になさい（生命を粗末にするな）、という意味だ。「軍人勅諭」はこれを改竄し、《義は山嶽より重く死は鴻毛より軽しと心得よ》と書き換えた。義とは天皇への忠誠のことである。これだと、理由はどうあれ、とにかく死にさえすれば、義を重んじたことになってしまう。このような非合理主義が、あたかもローカルルールでない（中国古典に根拠をもつ）かのような、外見を整えたのだ。

日本軍の奇妙さの一端が、理解できただろうか。

『統帥綱領』

日本軍の兵士はこのように教育されていたとして、指揮官や将校はどうだったか。将校は、陸軍士官学校、海軍兵学校で教育された。これらはとても狭き門で、旧制中学は合格者数を競った。

将校のマニュアルは、『歩兵操典』『作戦要務令』である。『歩兵操典』は外国のものを参考に、何回か改訂されている。ほぼ戦術レヴェルの、訓練ならびに戦闘のやり方を説明したものである。『作戦要務令』は、一九三八（昭和一三）年に制定された。

指揮官ならびに参謀が、戦略ならびに作戦を立案するため基本となる考え方をのべた、『統帥綱領』、ならびにその解説書である『統帥参考』がつくられた。『統帥綱領』は、高級指揮官のみが見られる機密であったため、終戦時にすべて焼却され、原本は残っていない。『統帥参考』のほうは、原本が残っている。

＊

旧陸軍将校の有志が一九六二（昭和三七）年、記憶にもとづき、『統帥綱領』を復元した。有志のなかには、『統帥綱領』の起草にかかわった者もいて、完全に復元できたという。一九七二年出版の建帛社版をもとに、その内容をみてみよう。

攻勢をかけ、撃滅せよ

『統帥綱領』は一九二八(昭和三)年の編纂。章だてをみると、おおむねクラウゼヴィッツの『戦争論』とよく似たトピックが並ぶ。けれどもなかみを読むと、日本軍らしい特徴がみられる。

まず、「統帥の要義」。《現代の戦争は、ややもすれば、国力の全幅を傾倒して、なおかつ勝敗を決し能わざるにいたる。故に、我が国はその国情に鑑み、勉めて初動の威力を強大にし、速やかに戦争の目的を貫徹すること特に緊要なり。》(355)国力がないので、短期決戦しかできないと、最初からのべている。

*

《作戦指揮の本旨は、攻勢をもって、速やかに敵を撃滅するにあり。これがために迅速なる集中、溌剌たる機動および果敢なる殲滅戦は特にとうとぶところとす。》(356)攻勢第一主義である。

クラウゼヴィッツは、攻撃は脆弱で、防御は強力であるとのべた。また、兵力の多少によって、勝敗が決するとのべた。軍事学の常識である。『統帥綱領』のこの箇所は、無条件に、攻勢をとるべきであり、味方の努力で、敵を殲滅できるとのべている。それでは敵が、守勢をとり、持久戦に持ち込んだ場合はどうなるか。なすすべがない。それがまさに中国戦線で起こったことではなかったか。

精神的要素

《四、統帥の本旨は、常に戦力を充実し、巧みにこれを敵軍に指向して、その実勢力特に無形的威力を最高度に発揮するにあり。

最近の物質的進歩は著大なるをもって、みだりにその威力を軽視すべからずと言えども勝敗の主因は依然として精神的要素に存すること古来変わるところなし。まして我が国軍にありては、寡少の兵数、不足の資材をもって、なおよく前記各般の要求を充足せしむべき場合僅少ならざるをもって、特に然り。すなわち戦闘は将兵一致、忠君の至誠、匪躬（ひきゅう）の節義を致し、その意気高調に達して、ついに敵に敗滅の念慮を与うるにおいて、初めてその目的を達するを得べし。》(356)

兵力や兵器で劣勢で、物量で圧倒されていても、精神力で敵を圧倒して、勝てるとのべている。クラウゼヴィッツの科学的リアリズムを、完全に逸脱していることに注意。

指揮官の資質

指揮官がそなえるべき資質は、なんだろうか。

《八、軍隊志気の消長は指揮官の威徳にかかる。いやしくも…将たるものは高邁なる品性、高明なる資質および無限の包容力をそなえ、堅確なる意志、卓越せる識見および非凡なる洞察力により、衆望帰向の中枢、全軍仰慕の中心たらざるべからず。》(358)

《高級指揮官は常にその態度に留意し、ことに難局にあたりては、泰然動かず、沈着機に処するを要す。この際内に信ずるところあれば、森厳なる威容おのずから外に溢れて部下の嘱望を繫持し、その志気を振作し、もって成功の基を固くするを得べし。》(359)

指揮官が、平均以上の精神的能力をそなえるべきことを強調する。指揮官が平均的能力をもっていることを前提に、どう行動しろと具体的に書いてあるわけではない。指揮官が信頼をかちえる具体的行動や説明責任は想定されておらず、黙って威張っていればよいとしている。

どう戦うか

《軍は通常数個の師団、独立工兵大隊、航空部隊、地上防空部隊、通信部隊及び架橋材料中隊ならびに兵站部隊等よりなる。なおこれに、戦車部隊、騎兵旅団、独立山砲連隊、野戦重砲兵部隊、攻城部隊等を付せらるることあり。》(360)

これでみると、戦車部隊、航空部隊は、地上の歩兵部隊を掩護する、従属的な地位しか与えられていない。当時、ヨーロッパでは、戦車の機動力を活かした機甲部隊の戦略が練られるようになっていた。

＊

《作戦指導の要は、卓越せる統帥と敏活なる機動とをもって、敵に対し常に主動の地位を占め、最も有利なる条件のもとに決戦を促し、偉大なる勝利を収めて、速やかに戦局の終結を計るにあり。》(360)

『統帥綱領』は、ソ連戦を想定したものだという。ソ連軍なら、《最も有利なる条件のもとに決戦を促し、偉大なる勝利を収め》ようとするかもしれない。武器が優秀で、兵員も数多いからである。中国軍は、この反対である。《決戦を促し》ても応じない場合、どうすればよいのか、『統帥綱領』からはわからない。

物量で劣勢

《二八、砲兵はその数必ずしも豊かならざるに鑑み、重要なる方面においては万難を排して優勢を占め、…あまねくその経済的活用を図るを要す。》(365)

火力の不足をはじめから想定し、《重要なる方面》以外の場所ではわが方の火砲が劣勢であるとする。それをカバーする方法が明示されていない。

*

《二九、航空部隊は用途広汎にして、しかもその数必ずしも豊かならざるをもって、勉めてこれを統一するとともに、その任務を緊縮して、…その能力を活用すること肝要なり。高級指揮官は…状況これを許す限り、適宜敵の戦略並び政略上の要点に空中攻撃を加えもって戦勝の獲得に資すること肝要なり。》(366)

航空戦力も、劣勢であると想定している。《任務を緊縮》する以外に、それをカバーする方法が明示されていない。

状況が許せば、方面軍の判断で勝手に、《敵の戦略並び政略上の要点》を爆撃してよいことになっている、と読める。戦略爆撃(都市の無差別爆撃)は、参謀本部の判断ですらない。重慶爆撃、オーストラリア爆撃がのちに、国際法違反に問われることになる。

毒ガス

《三一、作戦軍は、戦時報復の手段としてガスを使用することなきを保せず。然れどもその用否は最高統帥これを指定す。》(366)

《三二、ガス用法上最も緊要なるは、…状況に適合し、…敵軍の意表に出ずるにあり。…又、ガス使用に関する我が軍の企図および諸般の準備を秘匿すること特に肝要なり。》(366 f)

報復のためと断りつつ、毒ガスの使用を当然のように想定している。兵力、火力、航空戦力で劣勢にあるので、毒ガスを用いてその劣勢を補おうとするものであろう。

*

毒ガスの使用は、現場の指揮官の判断ではなく、《最高統帥》すなわち参謀本部の指示にもとづくことが定められている。この点が、通常戦力の範囲内である、戦略爆撃の場合との違いである。

会戦と機動

《…戦地の物資は勉めてこれを利用するとともに、なしうる限りこれを保護培養し、

本よりの追送を軽減する着意を必要とする。》(369)

物資の現地調達を当然のこととして勧めている。前線に向けた兵站線を確保するつもりがない。そのための車輛や、道路建設の重機もない。現地調達をすれば現地の事情が逼迫し、住民の反感をかうことに対する配慮もない。

＊

《五二、会戦の目的は敵を圧倒殲滅し、もって優勝の地位を確保するにあり。攻勢は会戦の目的を達する唯一の要道たり。》(374)

《会戦指導の方針については、方面軍及び独立軍においては会戦地、主決戦方面、決戦の時期を、方面軍内においてはとくに主力の指向、隣接兵団との関係を定める。》(375)

いつどこで、敵を圧倒殲滅する会戦を行なうか、方面軍が決めるというが、敵軍についての情報をどう入手し、どう分析するのか、あいまいである。

＊

《六三、機動の主とするところは、会戦の目的を達するため、所望の時機、所望の地点に所望の兵力を移動するにあり。…

大兵団をして偉大なる機動力を発揮せしめんとせば、単に敏活なる指揮、旺盛なる行軍能力にまつのみならず、兵団の部署、夜間の利用、各種交通機関の活用、人馬の休養、後方機関の運用等に関し、周到なる考慮を払わざるべからず。この際最も重要なるは、上下一心、飽くまで目的を遂行せんとする熱烈なる気魄にあり。》(379)

《六八、連続行軍を行なう大兵団の日程は普通の状態において平均六里(二十四キロ)を標準とす。》(381)

ここで機動とは、大兵力の移動のことにすぎない。その移動は、要するに、徒歩の行軍である。一日二四キロは、徒歩としては速いが、戦車装甲車の機動部隊の速度にはまったく及ばない。機械化部隊が主力となった第二次世界大戦の機動の考え方は、まったくみられない。自動車の利用も視野に入っていない。

そして、こうした貧弱な移動能力を、《熱烈なる気魄》(がんばるぞ、という気持)で乗り切る、としている。

戦闘

《九〇、戦闘たけなわとなるや、戦場はあたかも怒濤(どとう)の相うつがごとく、彼我(ひが)軍隊の奮戦力闘は極度に達し、その戦勢は頗(すこぶ)る混沌たるにいたるべし。この時にあたり方面軍司令官又は軍司令官は、刻々到達する状況によって的確なる判断を下し、機に先んじて、常に戦況の変化に応じる準備をなさざるべからず。
なお、局所の勝利はよく大局の成功をもたらし得べきをもって、たとい一小成功といえどもみだりにこれを逸することなく、益々これが拡大に努むるを要す。けだし、かくの如くにして、ついに戦場の覇者たることを得ればなり。》(389)
「なお」以下の考え方は、戦術的退却（グナイゼナウが得意とした）にひっかかって、深追いして追撃し、逆に包囲殲滅されてしまいやすい。

＊

《九五、高級指揮官は戦闘の開始に先立ち、飛行機もしくはガス撒毒部隊をもって敵にガス攻撃を加え、ことに敵軍の進路上もしくは我が軍の前方における要点にあらかじめ撒毒し、また戦闘間にありてはガス砲撃、ガス投下等を行なうほか、ガス撒毒部隊をもって適時適所に撒毒地域を構成する等、なし得る限りガスの威力の発揮に努めざるべからず。》(390)
さきほど「報復のため」と限定がついていた毒ガス撒布は、ここでは戦闘に先立ち、先制使用することになっている。どしどし使え、としている。本音が出たと言うべきだ。

またも毒ガス

《九八、戦勝の効果を完全ならしむるは、一に勇猛果敢なる追撃にあり。》(391)

《一〇九、軍司令官は追撃のため、ガス撒毒部隊の大部を必要の兵団特に外翼兵団に分属す。》(394)

追撃のためにも、毒ガスの使用が当然とされている。

＊

《一二八、堅固なる陣地の攻防にあたりては、軍司令官は益々ガス威力を発揮せしめざるべからず。》(400)

陣地攻撃の場合にも、毒ガスの使用が奨励されている。

《一三八、山地の作戦にありては、山地本来の特性上、益々ガス威力を発揮し、ことに撒毒を行なうべき機会少なからず。》(404)

山地にいる敵軍にも、毒ガスの使用が奨励されている。

＊

《一六八、上陸作戦にありては、上陸部隊を直接掩護するほか、敵軍増加部隊の行動を阻止もしくは制圧するため、ガス威力を利用することを可とすることあり。》(412)

上陸作戦は、陸海軍共同作戦だが、この場合にも、毒ガスを用いてよいとする。

なぜ焼却された

このようにみてくると、『統帥綱領』とはどういう書物か。

戦略論としては、概して平凡である。

第一次世界大戦後の、新しい戦略思想をまったく取り入れていない。

物量で劣勢であることを、指揮官の巧みな統帥と、精神力で補うとする。非合理で、精神主義的である。

そのギャップを埋める唯一の手段が、毒ガスである。戦闘でも、追撃でも、山地でも、上陸作戦でも、どしどし毒ガスを使え、と推奨している。とんでもない書物と言うべきだろう。

*

高級指揮官しか『統帥綱領』を読むことを許されなかったのは、恐らく、毒ガスを使えと書いてあったからだろう。毒ガスは、日本陸軍の、通常の戦法として位置づいていたのだ。国際法上、問題があることを十分に承知のうえで。

敗戦とともに、『統帥綱領』が一冊残らず焼却されたのも、一部とは言え、実戦で毒ガスを使用したからである。『統帥綱領』によれば、毒ガスの使用は「最高統帥」の命令による、としている。それなら陸軍首脳、ひいては天皇に、その責任が及ぶことになる。戦後の法廷で、有罪とされることのないよう、証拠を隠滅したのだ。

＊

日本軍が、毒ガスを大々的に使用しなかったのは、単に報復を恐れたからだろう。ドイツ軍が毒ガスを使わなかったのも、同じ理由だ。

日本が原爆を開発したら

こういう日本軍に、毒ガスを上回る兵器が、手に入らなくてよかったと思う。

陸軍は実際、原子爆弾に興味を示していた。

ニールス・ボーア*のもとで量子力学を学んで帰国した仁科芳雄博士に、機密研究費を渡して、原爆を開発しろと督促した。仁科博士は、研究費を受け取り、開発に携わった。担当の将校は、まだ出来ないのかと、たびたび督促に訪れた。

仁科博士は、原爆など出来っこないと、わかっていたはずだ。原料のウラニウムも手に入らないし、濃縮もできない。爆発させるメカニズムも設計できない。

それでも、陸軍を騙すかたちで、研究を進めたのは、おそらく二つの理由からだ。

ニールス・ボーア

仁科芳雄

第一に、優秀な科学者のタマゴを、戦地に送らないで、研究に従事させることができる。第二に、日本の理論物理学の火を絶やさないで、将来の発展にそなえることができる。仁科博士は、陸軍との交渉を自分一人で行ない、原爆開発に従事したという汚名を一人で引き受けた。

仁科研究室から育った朝永振一郎は、ノーベル物理学賞を受賞している。

＊

もしも日本が、アメリカより先に原爆を手にしていたなら、ためらいなく使用したことだろう。『統帥綱領』をみるなら、そうとしか考えられない。

＊ニールス・ボーア　デンマークの物理学者。量子力学を提唱。一九二二年、ノーベル物理学賞。

第一二章　テロと未来の戦争

炎上するワールド・トレードセンター

テロとの戦い

二〇〇一年九月一一日、ニューヨークのワールド・トレードセンターのツウィンタワーに、テロ組織アルカイダのメンバーがハイジャックした民間旅客機がそれぞれ突入して、タワーは炎上、まもなく崩れ落ちた。国防総省ほかの標的も狙われ、あわせて三千人もの人びとが犠牲になった。

二一世紀は、テロの攻撃とともに幕を開けた。

＊

事件から数日たって、ニューヨークの現場（グラウンド・ゼロ）を訪れたブッシュ大統領は、「これは、戦争だ」と、アルカイダに対する戦いを宣言した。戦争であるからには、アメリカ軍が出動する。だが相手は、テロリスト。主権国家ではない、任意団体だ。

領土と国民をもち、戦闘員資格のある国家と、領土も人民もなく、戦闘員資格のない任意団体。国家と任意団体の「戦争」を、非対称戦争という。（非対称とは、いっぽうは国家、いっぽうは任意団体で、対称でない、という意味だ。）古典的な戦争の議論では、想定されなかった現象である。その「非対称戦争」の開始を、宣言したのだ。

ゲリラとはなにか

アメリカはベトナム戦争で、ゲリラに手を焼いてきた。ゲリラとテロは、違うのか。

ゲリラは、あくまでもひとつの「戦法」である。正規軍は強すぎて、正面から戦ったのでは、戦争が始まって、正規軍がやってくる。正規軍は、装備や兵力で、まさっているからだ。そこで、正規軍のいるあたりの密林や草原や山岳地帯に、拠点を設ける。待ち伏せ攻撃をかける。夜襲をする。住民（非戦闘員）にまぎれこむ。そうやって、正規軍の消耗をまつ。正規軍が住民を殺害したり処刑したりすると、住民は反感を抱いて、ゲリラを支持するようになる。そうやって力を蓄え、機会をまって、最後に正規軍に攻撃をかけるのだ。

＊

ゲリラ戦争が、最初に有効だったのは、スペインを支配しようとしたナポレオン軍に対して、スペイン人が抵抗したときだった。「ゲリラ」という名前は、そのとき生まれている。

中国大陸で、日本軍は共産党のゲリラ作戦に悩まされ、アメリカ軍はベトナムで民族解放戦線（実態は、北ベトナム軍だったともいう）に苦しめられ、ソ連軍はアフガニスタンでイスラム戦士の抵抗にあった。

ゲリラは、「戦術」である。正規軍を攻撃対象とし、おおきな戦略にもとづき、その目的に合致しないことはやらない。

テロとはなにか

テロとは、これに対して、殺人のやり方である。

人間の殺し方にも、いろいろ種類がある。これを、罪の軽いものから、重いものまで、順番に並べてみる。

死刑の執行…法にもとづいて、死刑囚を殺した。責任も罪もない。

正当防衛…殺されそうになったので、相手を殺した。殺意はあるが、罪はない。

戦争…戦闘中に、相手を死亡させた。職務の執行である。責任も罪もない。

過失致死…ある人のせいで、別の人が死ぬ。事故なので、殺意はない。責任はある。

自殺…ある人のせいで、その人が死んでしまう。殺意はあるが、罪を追及できない。

過剰防衛…殺されそうになったと思って、相手を殺した。責任と罪がある。

傷害致死…殴ったら、死んでしまった。悪意はあるが、殺意はない。

殺人…殺そうと思って、特定の人を殺害した。自分の利益のためである。罪になる。

快楽殺人…殺そうと思って、殺した。殺すこと自体が目的である。罪になる。
テロ…大勢の人びとを無差別に殺した。大きな恐怖を生む。その効果が目的である。

＊

テロはこのように、不特定の人びとを無差別に殺害すること。あらゆる殺人のなかで、最悪の殺人である。人びとは、つぎは自分ではないかと怯え、社会秩序が乱されるからである。

テロリストの言い分

テロはふつう、単独ではなく、複数の人びとがひき起こす。病気ではなく、正気の人びとの犯行だ。

テロを行なうテロリストという人びとは、テロを手段として行なっているのであって、テロを目的とするのではない。彼らには彼らの、言い分があり主張がある。それは、どのようなものなのか。

＊

アルカイダは、イスラム主義者のグループだ。
イスラム主義者は、イスラム教をベースに、独自のやり方で思考を組み立て、極端な結論に達する。この世界は、正しくない。邪悪な勢力に支配されている。いま直接行動を起こさなければ、この世界を救うことはできない。法律に反する行動を起こし、不特定の人びとの生命を奪うが、それは正しいことで、最終的によりよい世界が実現する。――テロリストに共通する、このような考え方のグループが生まれるのだ。

*

テロリストも、大きな犠牲を払っている。その本質はある特定の考え方、主義・主張である。それがなくならない限り、テロはなくならない。

テロに対する「戦争」は、それをなくすことができるのか。

戦闘員資格

テロをなくすことができるのは、最終的には、思想の課題だとしても、当面それは、政治・軍事の課題である。政府は、人びとの安全に責任をもっている。テロを放置することはできないからだ。

*

テロが国内で行なわれた場合には、国内法で裁くことができる。

テロが国際的に行なわれた場合には、どうなるか。国際法で裁くことになる。テロに適用される法律は、戦時国際法である。これによれば、テロリストは戦闘員資格がない。ゆえに、違法である。

＊

山賊や海賊は、武装していても、戦闘員資格がない。政府の軍隊は、戦闘員資格をもっている。近世から近代にかけて、徐々に成立した国際法だ。（グロチウスの議論を参照のこと。）

これを明文で定めているのは、ハーグ陸戦法規である。一八九九年、第一回万国平和会議で調印された。一九〇七年、第二回万国平和会議で、改定されている。日本も、どちらにも調印し、批准している。とても重要な国際条約なので、内容を紹介しておく。（一部表現を改めている）

《第一章　交戦者の資格

第一条　戦争の法規、権利、義務は正規軍にのみ適用されるものではなく、下記条件を満たす民兵、義勇兵にも適用される。

一、部下の責任を負う指揮官が存在すること。

二、遠方から識別可能な固有の徽章（きしょう）を着用していること。

三、公然と兵器を携帯していること。
四、その動作において、戦争法規を遵守していること。》
指揮官が存在／軍服を着用／公然と武器を携行／戦争法規を守る。これが、戦闘員の四条件である。戦闘員と認められるためには、この四条件を満たす必要があり、満たさないなら、正規の戦闘員とは認められない。

軍服ではなく、民間人とまぎらわしい私服を着て、こっそり武器を隠し持っているゲリラは、ハーグ陸戦法規に違反していることになる。

市民の抵抗は許されるか

しばらく前、わが国は「非武装中立」であるべきだという議論があったころ、それでは実際に外国の軍隊が攻めてきてわが国を占領したら、あなたはどうするのか、という話になった。あるひとは答えた、私は平和主義・非暴力主義ですから、もちろん無抵抗です。でも、わが国を占領した外国軍が、人びとを軍需工場に徴用したり、戦闘員に仕立てたりするかもしれませんよ、とたたみかけられると、黙ってしまった。

またあるひとは答えた。外国の軍隊は侵略者ですから、戦車の前に立ちはだかります。あるいは、忍び寄ってナイフで刺します。市民が軍人をナイフで刺したりしたら、国際法違反になって、その場で処刑されてしまっても文句は言えないことを知らないのだ。

＊

ハーグ陸戦法規には、市民の抵抗について、こう書いてある。

《第二条　未だ占領されていない地方の人民でありながら、敵の接近にあたり第一条に従って編制する暇なく、侵入軍隊に抗敵するため自ら兵器を操る者が、公然と兵器を携帯し、かつ戦争の法規慣例を遵守する場合はこれを交戦者と認める。》

これ以外の場合は、合法的な戦闘員とは認められない。

もう占領されてしまったら、第二条には該当しない。どうしようもない。

まだ占領されていないが、軍服を用意したり指揮官を選んだりしている暇がない。その場合でも、武器を公然と携行し、戦時国際法規を守る必要がある。こっそり武器を隠し持ち、国際法も知らないのでは、合法的に行動できない。

＊

これでもわかるように、ハーグ陸戦法規は、戦時国際法を、軍人だけでなく一般市民にも、しっかり教育しておくことが、前提となっている。戦前も、戦後も、わが国の学校教育はこれを怠ってきた。戦時国際法に違反している。

日露戦争ではなぜ優等生？

もっとも日本人は、もともと戦時国際法を守らない（守れない）のではない。教育されると、きちんと守れる。

そのよい例が、日露戦争である。

日清戦争は、相手が清国だった。日露戦争は、ヨーロッパ列強の一角であるロシアを相手にした戦いである。日本は、不平等条約の改正を念願にしていた。欧米諸国に、日本には十二分に、戦時国際法を遵守する能力があると印象づけたかった。

そのため、指揮官や兵卒にいたるまで、国際法の教育が行き届いていた。日本軍の戦いぶりは、西側諸国の称賛を受けている。

*

旅順攻防の激戦のすえ、ステッセル将軍は、乃木将軍に降服した。両雄が敬意をもってまみえたことは、日本中に伝えられ、歌にもなった。

日本海海戦で、大破したインペラトール・ニコライ一世号は、白旗を掲げた。しかし機関を停止していなかったので、降服の条件を満たしていないとして、日本側は砲撃を継続した。機関を停止したので、降服を認め、乗員を捕虜とし、インペラトール・

ニコライ一世号を鹵獲(ろかく)した。

ロシア艦隊の大勢の軍人や水兵が、海中に投げ出された。日本の軍艦や民間の船、沿岸の住民に救助された。合わせて六〇〇〇人が捕虜となり、収容所で終戦まで過ごした。

バルチック艦隊を指揮したロジェストヴェンスキー司令長官は負傷して捕虜となり、病院で治療を受けた。東郷司令長官は、佐世保の病院にロジェストヴェンスキー司令長官を見舞って、懇切な言葉をかけている。

ロジェストヴェンスキー

＊

条約改正がなると、日本軍は国際法を熱心に守る姿勢があやふやになり、日本の兵士は国際法に無知なまま、違法に行為して恥じないことになる。

捕虜の特権

ハーグ陸戦法規は、国際慣習法を条約のかたちに明文化したものである。

この規定は、捕虜についても取り決めている。

日本人は「捕虜」というと、マイナスのイメージを抱きがちだ。それは、戦時国際法をよく知らないからである。捕虜は、身分であり、特権なのだ。

＊

捕虜は、敵軍に捕まっても、戦時国際法の保護を受ける。

氏名と階級を告げなければならないが、それ以外はのべなくてよい。どういう部隊でどういう作戦に従っていたか、言わなくてよい。拷問するなどして、無理やり言わせようとすれば、違法である。

捕虜は、武器や軍用書類を取り上げられるが、それ以外の私物の所有権は失わない。食事を提供され、適切な生活環境を与えられ、宗教の習慣に従って礼拝に参加できるのはもちろんである。

要するに捕虜は、生存が保障される。捕虜を虐待することは許されない。その捕虜にさえなれなければ、大変なのだ。

降服の条件

戦闘員は、無条件で捕虜になれるわけではない。戦闘を停止し、白旗を掲げ降服の意思を表示して、敵軍に認められなければならない。

戦時国際法によるなら、部隊の戦闘を指揮する指揮官が、部隊をあげて降服するのが通例である。軍艦の場合は、艦長が降服する。

指揮官によらず、兵士が個人または集団で降服しようとしても、認められず殺害されてしまう場合がある。

*

そもそも合法的な戦闘員でなければ、降服することも、捕虜になることもできない。海賊や山賊は、降服して捕虜になる特権を有しない。

テロリストの処遇

アルカイダは、ハーグ陸戦法規に照らせば、正規軍でも義勇軍でも民兵でもない。ただの武装した任意団体（テロリスト・グループ）だから、戦闘員資格がない。

身柄を拘束されたアルカイダのメンバーは、国際法上の捕虜の扱いを受けない。ではなにか。身柄を拘束された海賊や山賊の一味と、同じ扱いである。

彼らは犯罪者か。それは、どの国の法律に抵触したかによる。アメリカ国内で犯罪を犯せば、アメリカに裁判権がある。（実際には、州ごとに法律が異なり、州ごとに裁判所がある。）テロリスト・グループは、国境をまたがって国際的に活動しているので、どの国の裁判権があるのかよくわからない。そもそもテロリストは、無政府状態の国や、中央政府の統治が行き届かない辺境地域に拠点をおくので、その国の政府が取り締まる能力がない。そこで、テロの標的となった国が軍隊や特殊部隊を派遣して、テロリストを掃討し、一味を殺害したり、身柄を拘束したりする。

*

海賊や山賊は、公共の敵なので、国際社会の政府や民間人など、誰が取り締まってもよい。そもそも彼らは法を犯しているので、法の保護を受けない、と考えるのである。軍が捕まえた場合は、軍法会議で裁判し、適当な罪名で刑を科してかまわない。軍の、国際警察権*である。

キューバのアメリカ軍グアンタナモ基地に、テロリストが収容されているのも、アメリカの刑事手続きによるのではない。アメリカ軍の、国際警察権によっている。

*

イスラム国（ＩＳ）は、戦闘員資格があるか。

*国際警察権　山賊やテロリストなど国際的に活動する不法行為を、国内法によらないで取り締まる権利。

アルカイダに比べると、微妙である。イスラム国は、領土と人民をもっているのだという。税金らしいものも集めている。政府組織のようなものも、あるようにみえる。そうだとすれば、イスラム国の戦闘員は、合法的な戦闘員か。

ハーグ陸戦法規に照らすと、国際法を守っていない。捕まったヨルダンのパイロットを焼き殺したり、西側の捕虜を「十字軍の戦士」という理由で斬首したりしている。国際法を守っていないと、正当な戦争の主体とは認められない。

標的殺害

最近アメリカは、標的殺害によって、テロリストを殺害している。

標的殺害（target killing）とは、特定の個人を、政府の職員が非公然のかたちで殺害すること。昔の言い方で言えば、暗殺だ。法律上、軍事上、限りなく不透明な灰色の領域である。

アルカイダの首謀者、オサマ・ビン・ラディンはこのやり方で殺害された。

実行したのはアメリカ軍の特殊部隊。だがアメリカ軍の指揮系統を離れて、部隊と装備ごとCIA（アメリカ中央情報局）に出向し、大統領の承認のもと、CIA長官の命令で作戦を実行する。殺害の根拠は、よくわからないが、国際慣習法*にいう「報復」だと思われる。

慎重を期す場合には、犠牲が出るのを覚悟のうえで、特殊部隊を投入する。もっと手軽に行なおうと思えば、ドローン（無人飛行体）を用いる。標的殺害に用いるドローンはプレデターという名前で、カメラがついていて、ミサイルを搭載しており、照準をあわせて、目標とする個人を狙って発射する。

＊

アメリカの国内法上、また国際法上、標的殺害がどのような出来事なのか、実は問題が多いと思われる。議論は始まったばかりだ。

たとえば、標的殺害に従事する人びとは、戦闘員なのか。

アメリカ軍の軍人は、軍の指揮系統にある限り、ハーグ陸戦法規による合法的な戦闘員である。いっぽう、ＣＩＡのような諜報機関の職員（ジェームズ・ボンドみたいな）は、民間人であって、戦闘員ではない。敵に捕まれば、捕虜になれないので、拷問されたり殺害されたりしても、文句の言いようがない。特殊部隊の軍人も、ＣＩＡ

＊国際慣習法　国際社会で行なわれている慣習法。

の指揮系統に入って非公然活動に従事すると、おなじく民間人並みになってしまうと考えられる。

＊

非公然活動は、合法か。

アメリカ国内にテロリストがいれば、警察が逮捕すればよく、特殊部隊の出番はない。特殊部隊が裁判なしに殺害したりすれば、違法である。

どこか外国にテロリストがいて、特殊部隊が作戦行動を行なえば、その国の主権侵害になる。そこで、その国の政府が要請したか、黙認したというかたちにしておく。それすらしない場合もある。

いずれにせよ、合法的とは言いにくい。相手がテロリストだからかまわない、でよいのだろうか。

非公然活動

標的殺害は、非公然活動（covert operation）である。

＊

非公然とは、機密という意味ではない。軍事作戦とは、多くの場合、機密である。

敵に知られてはいけないからだ。

けれども、軍の作戦や活動は、事後的には公開のものになる。指揮官は、戦闘日録をつけるのが決まりである。戦争が終わると、戦闘日録を集めて、編集し、公刊戦史として出版する。これは戦争の公式記録で、兵員、作戦、部隊の行動、指揮官の意思決定、敵の動き、死傷者などのデータ、が詳細に記録されている。この意味で、秘密ではなく、公然なのである。

非公然活動は、そもそも存在しないことになっている活動である。成功しても失敗しても、陽の当たる場所に出る話ではない。時間が経っても、明らかにならない。オサマ・ビン・ラディンのケースは、例外的なのだ。

＊

テロとの戦いは、情報戦である。テロリストが誰と誰で、なにを企み、どこでどういう行動に出ようとしているか、察知して、事前に検束する（あるいは事後に検挙ないし殺害する）のが、その活動である。

この情報戦は、軍の通常の活動になじまない。軍は戦闘を、主たる任務にしている。軍にも、もちろん情報部門はある。しかし、政府のもとには、情報部門はいくつもの系統があるのがふつうである。アメリカなら、少なくとも、情報機関（ＣＩＡ）の系統／警察（ＦＢＩ）の系統／軍の系統、があるはずだ。軍も、陸軍／海軍／…などと分かれているであろう。

武装勢力の時代

任意団体である武装勢力は、戦闘員資格がないはずだが、あいまいで中間的なケースもある。それは、外国の支援を受けている場合だ。

中東を見渡してみると、クルド人武装勢力、イラクのシーア派武装勢力、シリアの反政府武装勢力など、さまざまな武装グループがひしめいている。そして、アメリカなどから武器や兵器、資金などの支援を受け、イスラム国（ＩＳ）やアサド政権と戦っている。代理戦争のおもむきがある。

＊

こういうことではないか。

一部の先進国を除けば、主権国家は未成熟である。独裁国家もあれば、無政府状態に近い国家もある。暴力がありふれている。そこで人びとは、自衛のために武装する。どこかのグループが武装したら、こちらも武装しなければならない。ゆえに、正規軍ではないかたちの、さまざまな武装勢力が増えている。特に冷戦が終わってからは、国際秩序のタガが外れて、武器が出回り、武装勢力が多くなった。

こうした武装勢力のうち、アメリカ軍に歯向かうグループが、テロリストとよばれるのではないか。

なぜ非対称戦争か

そもそもなぜ、アメリカ軍に歯向かうのか。

それは、アメリカ軍が世界最強で、どの国の正規軍も、正面から戦って勝てないからである。通常戦力でも、核戦力でも、アメリカの強さは飛び抜けている。ではどうなるか。

しばらく前までの国際社会は、人びとのあいだに矛盾と対立があると、最後は戦争で解決した。冷戦が始まり、戦争ができなくなると、人びとはゲリラで戦った。ゲリラは、米ソ両国のどちらかと、ヒモがついていた。冷戦が終わって、米ソがゲリラを管理しなくなった。あちこちに素性のわからない武装勢力が乱立するようになった。ちょっと資金があれば、銃器は手に入る。銃器があれば、資金は手に入る。

戦争がすぐ起こる世界なら、テロがここまでクローズアップされることはないのだ。

＊

強いアメリカ軍が象徴しているのは、グローバル化した国際秩序である。そこには、勝ち組、負け組がいる。現状に不満がある人びとは、将来に希望がみえないと思う。そのアメリカ軍とわたりあう武装勢力が、いまの世界を突破する希望に見えてしまうのだ。

イスラム国（IS）

二〇〇一年にアメリカの同時多発テロを引き起こしたアルカイダは、テロ組織のネットワークである。リーダーが何人かいるが、これといった中心がなく、資金と人員を獲得しながら増殖していく。

都市部に潜んでいる場合は、居所をつきとめ急襲する。山岳地帯などに潜んでいる場合には、軍事力で攻撃する。いずれにせよ、ネットワークを相手にするのだから、情報戦が勝負になる。

＊

イスラム国（IS、ISISなどという）は、新しいパターンをつくり出した。

イラク、シリアの政治的混乱と権力の空白に乗じて、武装した地上軍部隊が、「支配地域」をつくり出した。もはやネットワークではなくなった。スンナ派の原理的主張を掲げた、イスラム主義グループである。

中東地域では、シーア派（イラン、イエメン、イラク政府）に対する反対感情が高まっている。イスラム国はそれを追い風にしている。スンナ派の独裁政権（サウジアラビア、バハレーン、など）にも、火種がくすぶっている。イスラム国の原理的主張が共鳴の輪を拡げると、独裁政権が覆ってしまうおそれがある。

*

アメリカをはじめとする有志連合が、イスラム国を攻撃し、壊滅をはかっているのは、そのためである。正規軍・対・武装勢力。まさに、非対称戦争である。

非対称戦争は、戦争の手続きを必要としない。武力行使は、国際警察活動のようなものである。議会の承認なしに、行政府の判断でできるのだ。

戦死者のコスト

先進国では、戦死者のコストがとても高くなっている。

ベトナム戦争では、何万の単位で兵士が亡くなった。しかし報われなかった。大きな喪失感が残った。

湾岸戦争や、アフガニスタンへの地上軍派遣で、兵士が生命を落とす。一人の生命を金額に換算すると、何百万ドルにもなる。世論も厳しい。五人、一〇人の兵士が死亡してもニュースになる。何百人もの犠牲は、とても出せない。

そこで、地上軍の派遣よりも空爆が好まれる。効果は限定的だが、犠牲が少ない。地上軍を派遣する場合には、代わりに、現地の政府軍や、別な武装組織に戦ってもらう。アメリカ軍の身代わりである。

ドローン（無人飛行体）が好まれるのも、このためである。発射ボタンを押すのは、遠く離れた安全な基地の中だから、犠牲は出ない。

戦闘ロボット

犠牲者をなくしたい。しかし、戦闘はやりたい。

それなら、戦闘そのものを無人化すればよい。戦闘ロボットである。

戦闘ロボットは、歩兵の機能を代替する。技術的には、実は、ほとんど完成している。アメリカの国防高等研究計画局ＤＡＲＰＡ（Defense Advanced Research Projects Agency）のウェブページをみると、ヒト型、イヌ型など、さまざまなロボットを研究開発しているのがわかる。

＊

歩兵はなにをやるか。

敵と味方を識別する。敵を攻撃する。味方と協力する。民間人を保護する。あたりに敵がおらず、味方ばかりなのを確認して、その地域の制圧を完了する。ある地域の制圧（占領）をもって、勝利と考えるのが、古典的な軍事学だ。

歩兵は、人間であるから、これらのことが自然にできる。戦闘ロボットは、認知機能をそなえて、これらのことを実行しなければならない。

この能力をもつロボットが完成したときに、戦闘が無人化できる。（ドローンは、無人の機械ではあるが、ごく初歩的な段階であることがわかる。）

イヌ型戦闘ロボット「ビッグドッグ」

＊

ここまでの能力を開発できない場合、遠隔操作型の戦闘ロボットで戦うこともできる。これは、ドローンが、地上を歩き回っているようなものだ。遠隔操作の通信機能を使うと通信妨害に脆弱となる。

ロボット戦の倫理問題

戦闘ロボットが実用化すると、古代以来の戦争の倫理、ハーグ陸戦法規の前提が成り立たなくなる。

人間と人間が、武器をもって戦うのが、戦争である。そう、人びとはこれまで考えてきた。人間と機械が、武器をもって戦うのが、戦争なのか。

戦争は、人間を殺す。それが正当化されるのは、双方に機会が開かれており、殺される側にも相手を殺すチャンスがあったからだ。どちらも、自分の生命を危険にさらす。だからこそ、相手の生命を奪うことが、やむをえぬ職務の遂行であるとして、正当化されたのだ。

*

戦闘ロボットは、生命がない。ただの機械である。壊されても、物体が壊れただけで、人間は死なない。

生身の人間を相手に、そんな機械が戦うことが、許されるだろうか。一方的な殺人ではないのか。

戦闘ロボットを、戦場に送り込んだ人間がいる。戦闘ロボットはかならず、誰か人間の代理である。その人間は、安全などこか後方にいて、敵が死にました、という報告が来るのを待っているのだ。

*

こんなことは、倫理的に許しがたい。

これまでの軍隊の伝統にも、まったく反している。

ゆえに、技術的には可能だとしても、戦闘ロボットが実戦に配備されるまでには、かなり時間がかかるだろう。

対テロ戦で登場？

けれども、相手がテロリスト武装勢力であるなら、この倫理の垣根は低くなる。テロリストはもともと、戦闘員資格がない。見つけ次第、殺害されても当然の存在だ。そんなテロリストを掃討するのに、軍人を向かわせて、万一の犠牲を払ってよいものだろうか。彼ら不法な戦闘員に差し向けるのは、戦闘ロボットが分相応ではないか。

かつて原爆の使用が、日本（アジアの軍国主義）に対してなら、少し敷居が低くなったかもしれないのと同様な、いやより以上の効果が、対テロ戦では働くのではないか。

*

イスラム国（ＩＳ）の地上勢力に対して、戦闘ロボットの地上軍が投入される。イスラム国の幹部に対し、標的殺害（無人飛行体によるミサイル攻撃）が行なわれているのと、倫理的には大差がない作戦だ。

イスラム国は、まもなく壊滅してしまって、戦闘ロボットの準備が遅れ、投入する機会を逸してしまうかもしれない。それなら、またそのつぎに現れる、似たような凶悪な、テロリスト武装勢力が、戦闘ロボットの実験場になるだろう。

＊

戦闘ロボットが実用化すると、世界の軍事常識がまったく一新される。

これは、火薬革命に匹敵するかもしれない。

ロボット戦争

まず、世界中の地上軍が、時代後れになる。

どこかの国が戦争ロボットを実戦に配備するなら、そんな軍隊と、生身の人間で戦うのは馬鹿げている。そこでわが軍も、戦闘ロボットを主体としたものに置き換えられるだろう。世界中の軍隊で、装備が更新される。とても大きな支出になる。

戦闘ロボットは、ハイテク技術の塊りである。兵士の訓練は、無意味になる。戦闘は自動的に行なわれる。どれだけの性能の戦闘ロボットを、どれだけの数量用意するかで、勝敗が決することになる。

ロボット戦争の時代の幕開けだ。

ロボットによるテロ

戦闘ロボットは、大量破壊兵器ではなく通常兵器なので、中古品が途上国の軍隊に払い下げられるなど、流通市場が形成される。

テロリストの手にも、戦闘ロボットが渡ることになる。

テロリスト武装勢力の手にする戦闘ロボットは、質量ともに貧弱だから、正規軍と交戦して勝てる見込みはない。したがって、いっそう、無防備な民間人をターゲットにした作戦が立てられるだろう。命知らずのテロリストを、リクルートして来なくても、戦闘ロボットを入手すれば、テロは実行できるのだ。

＊

自動小銃やロケット砲が、自動的にテロを起こすことはないが、戦闘ロボットは、自動的にテロを引き起こせる。

戦闘ロボットは、そんなに高価でない。きわめて小型のものも、開発されるはずだ。

頭の痛い、新たな危険の始まりである。

黙示録のいなご

新約聖書のヨハネ黙示録に、戦闘ロボットを思わせるいなごが登場する。

第五の天使がラッパを吹くと、星が落ちて地面に穴があいた。そこから《いなごの群れが地上へ出て来た。…いなごの姿は、出陣の用意を整えた馬に似て、頭には金の冠に似たものを着け、顔は人間の顔のようであった。また、…歯は獅子の歯のようであった。また、胸には鉄の胸当てのようなものを着け、その翅の音は、多くの馬に引かれて戦場に急ぐ戦車の響きのようであった。更に、さそりのように、尾と針があって、この尾には、五カ月の間、人に害を与える力があった。…》（9章1～10節）

このいなごは、《額に神の刻印を押されていない人には害を加えてよい、と言い渡された》（9章4節）のだから、神の意思によって行動する天使の軍勢であろう。しかし、黙示録のほかの箇所もそうだが、天使の軍勢は、悪魔の軍勢ではないかと思うほど凶悪で暴力的である。

＊

戦闘ロボットがうみだす戦争の時代は、ヨハネ黙示録の描く終末の世界と、似通っている。

未来の戦争は、こうしたかたちで、人類に終末をもたらすのであろうか。戦争が終わるのか、それとも人類が終わるのか。その問いを前に、これからわれわれは苦悶の時代を過ごすことになるだろう。

あとがき

戦後生まれの私は、戦争を体験していない。

もの心ついた当時、戦争はすでに遠い過去のものだった。

古いアルバムをひっくり返すと、母親がかっぽう着に、大日本国防婦人会のタスキをかけて写っている。皇紀二千六百年のマスゲームの写真もある。

小学校の私のクラスの担任はもと海軍士官で、軍艦に乗っていたという噂だったが、彼の口から戦争の話を聞いたことがない。

あたかも戦争などないかのように、世の中は動いていた。人並みにベトナム戦争反対のデモにも行ったが、戦争はどこか遠くの出来事で、現実感がなかった。社会学も、経済学も政治学も、社会科学はどこを探しても戦争の影もかたちもなかった。

*

小室直樹『新戦争論』を読み、山本七平『一下級将校の見た帝国陸軍』を読み、猪瀬直樹『昭和16年夏の敗戦』を読み、児島襄『日中戦争』を読んだ。それらを踏まえて、加藤典洋、竹田青嗣との鼎談『天皇の戦争責任』をまとめた。私のなかにぽっかり空いていた欠落を埋めるような作業だった。それからも戦争をめぐる基本図書を、折に触れ読み継ぐようにしてきた。

するとみえてくることが多い。

たとえば、ヘーゲル『精神現象学』は、主と奴の弁証法を論ずる。社会の原初、自由な人間が出会い、命を賭けた闘争を繰り広げた。死を恐れない勇気を示したものが主人となり、屈服したものは奴隷となった。そのあと奴隷が、歴史を動かす主役となるのだが、それはともかく、戦争の敗者を奴隷とするのは古代の確立した慣習法であることを、この議論は踏まえている。戦争についての常識がなければ、ヘーゲル哲学のポイントを理解できないのだ。

戦争は古来、異なる民族や社会的背景をもつ人びとが、接触し交流する、歴史の動因のひとつだった。暴力は無理やり、世界を均質にする。戦争の実際を踏まえなければ、古代の奴隷制も、中世の封建制も、近代の国民国家も、理解できない。

それはいまの、この時代も同じである。戦争（の可能性）は、われわれの生きる現実の一部である。戦争から目を背けて、この世界の成り立ちを理解することはできない。

＊

本書が言っていることは、とてもシンプルだ。

人類はこれまで、戦争とともに歩んできた。戦争を克服し、平和に生きる希望をもつためにも、戦争の知識は必要だ。戦争を、社会のなかのノーマルな出来事として、みつめよう。それを、普遍的な（＝誰の耳にも届く）言葉で語ろう。そう、「戦争の社会学」を身につけよう。

戦後の日本は、これを怠ってきた。だからこの本は、戦争からずっと目を背けてきた、でもそれをどこかでマズイと直感している、多くの日本人のためにまず、書かれている。そして同時に、この世界を守るため最後の手段として戦争を辞さないが、しかし戦争を防ぐためにあらゆる努力を惜しまない世界のすべての人びとのためにも、書かれている。

＊

本書の原稿が完成したのは二〇一六年一月。今回も、新書編集部の樋口健氏、編集長の三宅貴久氏ほか光文社の皆さんが、てきぱきと作業を進めてくれた。図版をなるべく多くして下さいと、無理も聞いてもらった。読みやすくなったと思う。感謝したい。

本書が、平和を愛するすべての人びとの、強力な後ろ楯となることを願っている。

二〇一六年六月四日　　橋爪大三郎

未来ライブラリー（文庫版）あとがき

ウクライナにロシアが攻め込んだ。ウクライナ戦争だ。二〇二二年二月から一年経っても、この戦争はいつ終わるのか見当がつかない。

ウクライナの人びとは、戦争を望んでいなかった。でも隣国が攻めて来れば、戦争の当事者になってしまう。否応なしに。

戦車、砲撃、地上戦、…。二一世紀にもなって、こんな戦争があるなんて。でもこれが、この世界の現実だ。大勢の人びとが戦場で敵と向き合っている。何万人もが命を落したり、手足が吹き飛んだりしている。

いろいろなことを、考えさせられる。

*

戦争は、厳粛な出来事だ。人間が命をかけている。誰も死にたくはない。だが戦争になってしまえば、戦場で任務を果たすほかない。

そこで人びとは戦場に出かけて行った。家族のもとを離れて。命にかえても守りたいものがある。大事な価値がある。戦争は、冗談でも遊び半分でもない。

『戦争の社会学』を読めばわかる。人類は歴史このかた、戦争をやり続けてきた。そして人びとは、戦争について思案し続けてきた。戦争には、人びとの運命がかかっている。斃(たお)れる者らの無念の思いと絶望が渦巻いている。その重さを思わなければ、戦争について考えたことにはならない。

だから、戦争を語る古典の言葉を、この本ではなるべく多く引用した。戦争の真実を知る知性が戦争をどうのべているか、そのまま読むことが大切だ。自分の考えをまとめるのはそのあとでよい。

『戦争の社会学』という題のわりに、あまり社会学ではないじゃないか、という読者コメントもあった。十分に社会学だと思う。社会学はこれまで、戦争をパスしてきた。だからこれといった先行業績がない。本書は、戦争について考えるならまず外せない輪郭を押さえるようにした。これまでの社会学と似ていないが、別に構わない。

人びとがそこに生きる社会の現実があれば、それが社会学ではないか。

＊

日本が戦争の当事者になる可能性が高まっている。この本の初版（光文社新書版）が出た当時に比べても、なおいっそう。その心の準備と覚悟だけはしておいたほうがいい。

戦争を仕掛ける側の国は、軍も政府も、その準備を整えている。たぶん。戦争を仕掛けられる側の国は、そうでもない。でも、ほんとうに不意をつかれるのはまずい。軍や政府など責任ある立場の人びとは、戦争になる場合のことも考えておかないといけない。

では、軍や政府にすっかりまかせておけばいいかと言うと、それもまずい。戦争は社会全体をすっぽり呑み込んでしまうからだ。

多くの読者は、日本が戦争の当事者になるのを望まないだろう。私も同じだ。ただし、「戦争を望まなければ、戦争にならない」わけではない。それは念力信仰だ。社会には、さまざまな法則がある。戦争は、その法則に従って起こる。戦争が起こったあとも、その法則に従って進行する。社会の法則をわきまえ、戦争についてもふだんから考えておくのが、科学的な態度である。

日本人は、戦争から目を背けてきた。一九四五年から、そろそろ八〇年になろうというのに。その間、たとえば学校で、戦時国際法について教えてこなかった。国際条約の課す義務なのに。戦争について、ふつうの市民や学生が学び、自分の考えをもとう。本書はそう願って書かれた、軍事社会学の入門書である。

*

今回、本書が文庫（未来ライブラリー）の仲間入りをするにあたって、新書版のときと同様、光文社編集部の三宅貴久氏にお世話になった。

新書版が出たあと数冊、戦争に関係する本を書いた。参考文献を追加しておく。

戦争についての理解が深まりますように。少しでも戦争を防ぎ、犠牲を少なくする知恵が人類に与えられますように。

二〇二三年四月

橋爪大三郎

参考文献

軍事に関連のある書物をあげ始めると、きりがない。引用したり参照したりして、本章の各章の記述に直接に関係したものや、私の手元にある比較的基本的と思われるものをあげておく。

Ferrill, Arther 1985 *The Origins of War*, Thames and Hudson ＝一九八八 鈴木主税・石原正毅訳『戦争の起源 石器時代からアレクサンドロスにいたる戦争の古代史』河出書房新社

McNeill, William H. 1982 *The Pursuit of Power, Technology, Armed Force, and Society since A.D.1000* University of Chicago Press ＝二〇〇二 高橋均訳『戦争の世界史 技術と軍隊と社会』刀水書房

Parker, Geoffrey ed. 2005 *The Cambridge History of Warfare* Cambridge University Press

Grant, R.G. ed. 2011 *1001 Battles That Changed the Course of History* Quintessence Editions Ltd. ＝二〇一三 藤井留美訳『ビジュアル版 世界の戦い歴史百科 歴史を変えた1001の戦い』柊風舎

前原透監修・片岡徹也編 二〇〇三『戦略思想家事典』芙蓉書房出版

第二章

共同訳聖書実行委員会　一九九三　『新共同訳聖書　引照つき　旧約聖書続編つき』日本聖書協会

第三章

森義信　一九八八　『西欧中世軍制史論　封建制成立期の軍制と国制』原書房

第五章

Grotius, Hugo 1625 *De jure belli ac pacis* Paris ＝一九五〇　一又正雄訳『戦争と平和の法』（全3巻）巌松堂出版　→一九八九　復刻　酒井書店
Hobbes, Thomas 1651 *Leviathan* London ＝一九九二　水田洋訳『リヴァイアサン』（全4巻）岩波文庫

第六章

Clausewitz, Carl von 1832 *Vom Kriege*, Dümmlers Verlag ＝一九六六　清水多吉訳『戦争論（上・下）』現代思潮社　→二〇〇一　中公文庫
森林太郎訳　一九〇三　『大戰學理』→一九七四　『森鷗外全集』第三十四巻　岩波書店
Jomini, Antoine-Henri 1838 *Précis de l'art de la guerre* ＝二〇〇一　佐藤徳太郎訳『戦争概論』中公文庫
白鳥庫吉ほか監修　一九四〇　『フランス革命及びナポレオン時代』（世界文化史大系15）新光社

第七章

Mahan, Alfred Thayer 1890 *The Influence of Sea Power upon History, 1660-1783* Little Brown＝一九八二　北村謙一訳『海上権力史論』原書房

Mahan, Alfred Thayer 1911 *Naval Strategy* Little Brown＝二〇〇五　井伊順彦・戸高一成訳『マハン海軍戦略』中央公論新社

麻田貞雄編訳　二〇一〇『マハン海上権力論集』講談社学術文庫

山内敏秀編著　二〇〇二『戦略論大系⑤マハン』芙蓉書房出版

第八章

渡部昇一　一九七四『ドイツ参謀本部』中公新書　→二〇〇九『ドイツ参謀本部　その栄光と終焉』祥伝社新書

片岡徹也編著　二〇〇二『戦略論大系③モルトケ』芙蓉書房出版

大江志乃夫　一九八五『日本の参謀本部』中公新書

第九章

Liddell Hart, B.H. 1954 *Strategy* Second Revised Edition Farber and Farber＝二〇一〇　市川良一訳『リデルハート戦略論　間接的アプローチ』（上・下）原書房

石津朋之編著　二〇〇二『戦略論大系④リデルハート』芙蓉書房出版

杉之尾宜生編著　二〇〇一『戦略論大系①孫子』芙蓉書房出版

金谷治訳注　二〇〇〇『新訂　孫子』岩波文庫

第一一章

大江志乃夫　一九九八『東アジア史としての日清戦争』立風書房

秦郁彦　二〇一四『明と暗のノモンハン戦史』ＰＨＰ研究所

Iriye, Akira 1987 *The Origins of the Second World War in Asia and the Pacific* Longman Group UK Limited＝一九九一　入江昭著・篠原初枝訳『太平洋戦争の起源』東京大学出版会

児島襄　一九八四『日中戦争』（全3巻）文藝春秋　→一九八八『日中戦争』（全5巻）文春文庫

服部卓四郎　一九五三『大東亜戦争全史』鱒書房　→一九九六　原書房

猪瀬直樹　一九八三『昭和16年夏の敗戦』世界文化社　→一九八六　文春文庫　→二〇〇二『日本人はなぜ戦争をしたか　昭和16年夏の敗戦』（日本の近代　猪瀬直樹著作集8）小学館　→二〇一〇　中公文庫

中川八洋　二〇〇〇『大東亜戦争と「開戦責任」―近衛文麿と山本五十六』弓立社

石原莞爾　一九九三『最終戦争論・戦争史大観』中公文庫

Sherrod, Robert 1956 *A Concise History of the Pacific War*＝一九五六　中野五郎編『記録写真　太平洋戦争（上・下）』カッパブックス（光文社）

瀬島龍三　一九九八『大東亜戦争の実相』ＰＨＰ研究所

大橋武夫　一九七二『統帥綱領』建帛社

柘植久慶　二〇一一『詳説〈統帥綱領〉　日本陸軍のバイブルを読む』ＰＨＰ新書

山本七平　一九七六『一下級将校の見た帝国陸軍』朝日新聞社　→一九九七『山本七平ライブラリー⑦　ある異常体験者の偏見』文藝春秋

山本七平　一九七五『私の中の日本軍（上・下）』文藝春秋　→一九九七『山本七平ライブラリー②私の中の日本軍』文藝春秋
加藤典洋・橋爪大三郎・竹田青嗣　二〇〇〇『天皇の戦争責任』径書房

第一二章

小室直樹　一九八一『新戦争論〝平和主義者〟が戦争を起こす』カッパビジネス（光文社）
小室直樹・色摩力夫　一九九三『国民のための戦争と平和の法』総合法令

未来ライブラリー（文庫版）への追加

橋爪大三郎　二〇二〇『中国vsアメリカ』河出新書
橋爪大三郎　二〇二三『核戦争、どうする日本？』筑摩書房
橋爪大三郎・折木良一　二〇一八『日本人のための軍事学』角川新書
橋爪大三郎・中田考　二〇一八『一神教と戦争』集英社新書
橋爪大三郎・佐藤優　二〇二二『世界史の分岐点』SB新書
橋爪大三郎・大澤真幸　二〇二二『おどろきのウクライナ』集英社新書

【図版クレジット】

27ページ ©Michael Greenhalgh　Source :http://rubens.anu.edu.au/raider5/greece/thessaloniki/museums/archaeological/neolithic/　With full permission, transmitted to permissions@wikipedia.org

33ページ ALBUM／アフロ　43ページ ©Deadkid dk　46ページ No machine-readable author provided. World Imaging assumed (based on copyright claims).　56ページ Press Association／アフロ

83ページ Alamy／アフロ　１００ページ Universal Images Group／アフロ　１４０ページアフロ

１５９ページ読売新聞／アフロ　１８７ページ上 TopFoto／アフロ　１９３ページ akg-images／アフロ

１９７ページ白鳥庫吉『フランス革命及びナポレオン時代』(世界文化史大系15)、一九四〇年、新光社、３５６ページ

２００ページ akg-images／アフロ　２０９ページ TopFoto／アフロ　２１４ページ TopFoto／アフロ

２１８ページ TopFoto／アフロ　２２９ページ TopFoto／アフロ　２４１ページ Ullstein bild／アフロ

２４４ページ読売新聞／アフロ　２４６ページアフロ　２９４ページロイター／アフロ

表作成／デザイン・プレイス・デマンド

光文社未来ライブラリーは、
海外・国内で評価の高いノンフィクション・学術書籍を
厳選して文庫化する新しい文庫シリーズです。
最良の未来を創り出すために必要な「知」を集めました。

本書は2016年7月に光文社新書として刊行したものを
加筆修正して文庫化したものです。

光文社未来ライブラリー

戦争(せんそう)の社会学(しゃかいがく)

はじめての軍事(ぐんじ)・戦争入門(せんそうにゅうもん)

著者 橋爪大三郎(はしづめだいさぶろう)

2023年6月20日　初版第1刷発行

カバー表1デザイン　長坂勇司（nagasaka design）
本文・装幀フォーマット　bookwall
発行者　三宅貴久
印　刷　近代美術
製　本　ナショナル製本
発行所　株式会社光文社
〒112-8011東京都文京区音羽1-16-6
連絡先　mirai_library@gr.kobunsha.com（編集部）
03(5395)8116（書籍販売部）
03(5395)8125（業務部）
www.kobunsha.com
落丁本・乱丁本は業務部へご連絡くだされば、お取り替えいたします。

©Daisaburo Hashizume 2023
ISBN978-4-334-77071-6　Printed in Japan

R<日本複製権センター委託出版物>
本書の無断複写複製（コピー）は著作権法上での例外を除き禁じられています。本書をコピーされる場合は、そのつど事前に、日本複製権センター（☎03-6809-1281、e-mail：jrrc_info@jrrc.or.jp）の許諾を得てください。

本書の電子化は私的使用に限り、著作権法上認められています。ただし代行業者等の第三者による電子データ化及び電子書籍化は、いかなる場合も認められておりません。

光文社未来ライブラリー　好評既刊

第1感
「最初の2秒」の「なんとなく」が正しい

マルコム・グラッドウェル
沢田　博
阿部　尚美　訳

一瞬のうちに「これだ！」と思ったり、説明できない違和感を感じたり。この「ひらめき」がどれほど人の判断を支配しているのか、多くの取材や実験から、驚きの真実を明かす。

ヒルビリー・エレジー
アメリカの繁栄から取り残された白人たち

J・D・ヴァンス
関根　光宏
山田　文　訳

白人労働者階層の独特の文化、悲惨な日常を描き、トランプ現象を読み解く一冊として世界中で話題に。ロン・ハワード監督によって映画化もされた歴史的名著が、文庫で登場！

世界は宗教で動いてる

橋爪大三郎

ユダヤ教、キリスト教、イスラム教、ヒンドゥー教、儒教、仏教は何が同じで何が違う？世界の主要な文明ごとに、社会と宗教の深いつながりをやさしく解説。山口周氏推薦！

誰もが嘘をついている
ビッグデータ分析が暴く人間のヤバい本性

セス・スティーヴンズ＝ダヴィドウィッツ
酒井　泰介　訳

検索は口ほどに物を言う！　グーグルやポルノサイトの膨大な検索履歴から、人々の秘められた欲望、社会の実相をあぶり出した全米ベストセラー。（序文・スティーブン・ピンカー）

アマゾンの倉庫で絶望し、ウーバーの車で発狂した
潜入・最低賃金労働の現場

ジェームズ・ブラッドワース
濱野　大道　訳

アマゾンの倉庫、訪問介護、コールセンター、ウーバーのタクシー――英国の〝最底辺〟労働に著者自らが就き、その体験を赤裸々に報告。横田増生氏推薦の傑作ルポ。

光文社未来ライブラリー　好評既刊

趙紫陽 極秘回想録（上・下）
天安門事件「大弾圧」の舞台裏

趙紫陽ほか
河野純治 訳

中国経済の発展に貢献しつつも、権力闘争に敗れ追放された元総書記。16年もの軟禁生活のなか秘かに遺された多くの録音テープが明かす歴史の真実とは？（解説・日暮高則）

ソビエト帝国の崩壊
瀕死のクマが世界であがく

小室直樹

今でも色あせない学問的価値を持つ、小室直樹氏のデビュー作を復刊。なぜ彼だけにこのような分析が可能だったのか？　伝説の「小室ゼミ」出身である橋爪大三郎氏推薦・解説。

ありえない138億年史
宇宙誕生と私たちを結ぶビッグヒストリー

ウォルター・アルバレス
山田美明 訳

今の世界を理解するには、宇宙誕生から現在までの通史――「ビッグヒストリー」の考え方が必要だ。恐竜絶滅の謎を解明した地球科学者による科学エッセイ。鎌田浩毅氏推薦・解説。

希望難民
ピースボートと「承認の共同体」幻想

古市憲寿

現代に必要なのは〝あきらめ〟か!?「世界平和」や「夢」を掲げたクルーズ船・ピースボートに乗り込んだ東大院生による社会学的調査・分析の報告。古市憲寿の鮮烈のデビュー作。

ネットリンチで人生を破壊された人たち

ジョン・ロンソン
夏目大 訳

〝大炎上〟が原因で社会的地位や職を失った人たちを徹底取材。加害者・被害者双方の心理、炎上のメカニズムなどを分析し、ダメージを受けない方法、被害を防ぐ方法を探る。

光文社未来ライブラリー　好評既刊

ネットワーク科学が解明した成功者の法則
アルバート＝ラズロ・バラバシ
江口泰子 訳
世界が注目する理論物理学者が、ノーベル賞、現代アート、ヒットチャート、資金調達などあらゆる分野の膨大なデータを最先端の手法で分析、成功者に共通する5つの法則を明かす。

ルポ 差別と貧困の外国人労働者
安田浩一
「日本人は誠実な人ばかりだと思っていた」――低賃金、長時間労働、劣悪な環境、パワハラ、セクハラ……技能実習制度の闇の部分を暴いた傑作ルポ、新原稿を加えて文庫化。

数字が苦手じゃなくなる
山田真哉
168万部の『さおだけ屋はなぜ潰れないのか?』の続編にして52万部の『食い逃げされてもバイトは雇うな』シリーズ(上・下)を合本。数字の見方・使い方を2時間でマスター!

2016年の週刊文春
柳澤健
スクープの価値は揺らがない――ふたりの編集長と現場の記者たちの苦闘を描き、週刊誌60年、文藝春秋100年の歴史をひもとく圧倒的熱量のノンフィクション。解説・古賀史健。

犬は「びよ」と鳴いていた 日本語は擬音語・擬態語が面白い
山口仲美
朝日は「つるつる」、月は「うるうる」と昇っていた!? 英語の3倍、1200種にも及ぶ「日本語の名脇役」の歴史と謎に、研究の第一人者が迫る。ロングセラーが待望の文庫化!